Python数学编程

[澳] 阿米特·萨哈（Amit Saha） 著　许杨毅 刘旭华 译

DOING MATH WITH PYTHON

人民邮电出版社

北　京

图书在版编目（CIP）数据

Python数学编程 / （澳）阿米特·萨哈（Amit Saha）
著；许杨毅，刘旭华译. -- 北京：人民邮电出版社，
2020.1
ISBN 978-7-115-52271-9

Ⅰ. ①P… Ⅱ. ①阿… ②许… ③刘… Ⅲ. ①软件工
具—程序设计 Ⅳ. ①TP311.561

中国版本图书馆CIP数据核字(2019)第222710号

版权声明

◆ 著　　　　[澳] 阿米特·萨哈（Amit Saha）

　　译　　　　许杨毅　刘旭华

　　责任编辑　王峰松

　　责任印制　焦志炜

◆ 人民邮电出版社出版发行　　北京市丰台区成寿寺路 11 号
　　邮编　100164　电子邮件　315@ptpress.com.cn
　　网址　http://www.ptpress.com.cn

　　北京七彩京通数码快印有限公司印刷

◆ 开本：800×1000　1/16

　　印张：12.75　　　　　　　　2020 年 1 月第 1 版

　　字数：286 千字　　　　　　2025 年 1 月北京第 16 次印刷

　　著作权合同登记号　图字：01-2015-4185 号

定价：59.00 元

读者服务热线：(010)81055410　印装质量热线：(010)81055316
反盗版热线：(010)81055315
广告经营许可证：京东市监广登字20170147号

内容提要

　　本书将程序设计和数学巧妙地结合起来，从简单的项目开始，应用 Python 解决高中和大学低年级的数学问题，比如几何、概率论、统计学以及微积分等，为进一步学习更复杂的数学内容以及 Python 编程语言打下坚实的基础。本书也可作为 Python 初学者的入门读物，通过学习书中的示例程序和完成那些编程挑战，读者可以提高自己的编程能力和技巧。

献给 Protyusha，从未对我失望

前　言

这本书的写作目的是将那些打动我内心的三个主题——程序设计、数学与科学结合在一起。更确切地说，学习本书后，我们会通过编程解决高中水平的一些问题，如处理测量单位，研究抛物运动，计算均值、中位数和众数，确定线性相关系数，求解代数方程，描述单摆运动，模拟骰子游戏，创建几何图形，求函数的极限、导数和积分。这是许多人熟悉的话题，不过我们不用钢笔和纸，而是用计算机程序来研究它们。

我们将编写程序，把数字和公式作为输入，进行一些计算，然后得到解或绘制出图形。其中一些程序能提供强大的计算功能来解决一些数学问题。这些程序能求出方程的解，计算数据集之间的相关性，确定函数的最大值，等等。在其他程序中，我们将模拟现实生活中的事件，如抛物运动、掷硬币或掷骰子。使用程序来模拟这样的事件，让我们可以用一个简单的方法来更好地分析和了解事情本身。

也许你会发现一些不借助计算机程序会非常难于探索的主题，例如，即使在最好的情况下，手工绘制分形图也是一件极为乏味的工作，而如果在最困难的情况下，这简直就是一项不可能完成的任务。有了计算机程序，我们需要做的仅仅是在一个循环中执行相关运算。

我想，你会发现，在这种"用 Python 学数学"的情境下，学习编程和学习数学都会变得更加令人兴奋、有趣和有益。

谁应该读这本书

如果你正在学习编程，你应该会喜欢本书所演示的用计算机解决问题的方法。同样地，如果你是老师，你可以借助这本书的实际应用来训练学生的编程能力，这样做回避了有些抽象的计算机科学。

这本书假定读者了解使用 Python 3 进行编程的基础，例如函数、函数的参数、Python 类和类对象的概念、循环。附录 B 涵盖了本书程序所使用的其他 Python 主题，但本书不详细讲解这些附加主题。如果你觉得自己需要更多的背景知识，建议阅读 Jason Briggs 的 *Python for kids*（No Starch 出版社，2013）。

这本书里有什么？

本书由 7 章和 2 个附录组成。每章结束时都给读者留下了挑战题目。我建议你放手一试，因为在自己编写程序的过程中会学习到更多。这些挑战将要求你探索新的主题，这是提高学习能力的很棒的方法。

- 第 1 章，处理数字。本章从基本的数学运算开始，逐步深入到需要更高层次的数学技巧的内容。
- 第 2 章，数据可视化。本章使用 matplotlib 库由数据生成图形。
- 第 3 章，数据的统计学特征。本章将继续讲解处理数据集的主题，包括基本统计概念：均值、中位数、众数和数据集中的变量的线性相关性。还将介绍如何处理 CSV 文件数据，这是一种流行的分发各种数据集的文件格式。
- 第 4 章，用 SymPy 包解代数和符号数学问题。本章使用 SymPy 库介绍符号数学，从表示和处理代数表达式开始，之后介绍更复杂的问题，如求解方程。
- 第 5 章，集合与概率。本章讨论了数学中集合的表示，接着深入到离散概率，还将讨论模拟均匀和非均匀随机事件。
- 第 6 章，绘制几何图形和分形。本章讨论使用 matplotlib 绘制几何图形、分形和创建动画。
- 第 7 章，解微积分问题。本章讨论了一些在 Python 标准库和 SymPy 库中的数学函数，然后介绍了如何解微积分问题。
- 附录 A，软件安装。涉及 Python 3、matplotlib 和 SymPy 在 Microsoft Windows、Linux 和 Mac OS X 平台下的安装问题。
- 附录 B，Python 主题概览。讨论了 Python 的一些主题，可能对初学者很有帮助。

脚本、解决方案和提示

本书的配套网站是 http://www.nostarch.com/doingmathwithpython/。你可以从网站下载本书所有的程序，获得编程挑战的解决方案和提示。你还可以找到我觉得有用的其他数学、科学和 Python 资源的链接，以及看到本书的错误纠正和更新。

软件是不断变化的，Python、SymPy 与 matplotlib 的新版本可能会导致本书中的某些程序在演示上存在差异，你可以在本书的网站上找到这些相关变化的注释。

我希望这本书可以使你的计算机编程之旅更加有趣，更有意思。开始学数学吧！

关于作者

Amit Saha 是一位曾在 Red Hat 和 Sun Microsystems 公司工作过的软件工程师。他创办并维护着 Fedora Scientific——为科学和教育用户服务的 Linux 发行版。他也是 Prentice Hall 出版社《写下你的第一个程序》（*Write Your First Program*）一书的作者。

关于译者

许杨毅，现任商汤智慧城市事业群产品总监，曾是京东云高级总监，百度系统部和新浪业务运维负责人，UCloud 运营平台部总监和产品市场部副总裁，资深的业务架构师、SRE 专家、大数据工程和云计算架构顾问。该译者负责翻译了本书第 1 章到第 4 章的内容。

刘旭华，现为中国农业大学理学院应用数学系副教授，北京理工大学博士，美国北卡罗来纳大学教堂山分校访问学者，主要从事数理统计、数据科学、数学与统计软件等领域的教学与科研工作，主持和参与多项国家自然科学基金、北京市自然科学基金项目。曾翻译《R 语言统计入门（第 2 版）》等图书。本书的翻译工作得到了中国农业大学教务处 2016—2020 年度《概率论与数理统计》《数学实验》《数理统计》核心课程建设项目和理学院教改项目"大数据背景下的概率统计课程建设探索"的资助。该译者负责翻译了本书第 5 章到第 7 章，以及后记、附录的内容，并对全书进行了统稿。

关于中文版审稿人

冯健，毕业于美国伊利诺伊大学香槟分校（UIUC），获计算机科学与数学学位，成绩优异，曾获院长嘉许。留美期间供职于知名科技企业，目前从事以大数据和预测为主的人工智能相关技术的研究与开发工作。此外，还持续与 K-12 学校合作，积极推动信息科学的教育工作。联系方式：ericstar303（微信号）。

英文版致谢

我要感谢 No Starch 出版社的每个人，是他们促成了本书的出版。从我在第一封电子邮件中与 Bill Pollock 和 Tyler Ortman 讨论这本书的想法开始，到整个出版过程结束，在与他们每个人的协作过程中，我都感到很开心。Seph Kramer 非凡的技术洞察力和建议，Riley Hoffman 细心地检查和再检查……可以说，如果没有他们，这本书就不会诞生。感谢 Jeremy Kun 和 Otis Chodosh 提出的意见和对本书数学内容的检查，还要感谢文字编辑 Julianne Jigour 的付出。

SymPy 是本书中许多章节的核心部分，我感谢 SymPy 邮件列表上的每个人，他们耐心地回答我的问题，及时检查我的补丁。我也要感谢 matplotlib 社区给我解答了疑惑并为我提供了支持。

我要感谢 David Ash，他的 MacBook 笔记本电脑帮助我完成了附录 A 的内容。

我还要感谢每一位作家和思想家，无论是普通网页上的还是我最喜欢的书上的，是他们激励着我写作。

资源与支持

本书由异步社区出品，社区（https://www.epubit.com/）为您提供相关资源和后续服务。

配套资源

本书提供的资源：相关程序的源代码。

要获得以上配套资源，请在异步社区本书页面中单击 配套资源 ，跳转到下载界面，按提示进行操作即可。注意：为保证购书读者的权益，该操作会给出相关提示，要求输入提取码进行验证。

如果您是教师，希望获得教学配套资源，请在社区本书页面中直接联系本书的责任编辑。

提交勘误

作者和编辑尽最大努力来确保书中内容的准确性，但难免会存在疏漏。欢迎您将发现的问题反馈给我们，帮助我们提升图书的质量。

当您发现错误时，请登录异步社区，按书名搜索，进入本书页面，单击"提交勘误"，输入勘误信息，单击"提交"按钮即可，如下图所示。本书的作者和编辑会对您提交的勘误进行审核，确认并接受后，您将获赠异步社区的 100 积分。积分可用于在异步社区兑换优惠券、样书或奖品。

扫码关注本书

扫描下方二维码，您将会在异步社区微信服务号中看到本书信息及相关的服务提示。

与我们联系

我们的联系邮箱是 contact@epubit.com.cn。

如果您对本书有任何疑问或建议，请您发邮件给我们，并请在邮件标题中注明本书书名，以便我们更高效地做出反馈。

如果您有兴趣出版图书、录制教学视频，或者参与图书翻译、技术审校等工作，可以发邮件给我们；有意出版图书的作者也可以到异步社区在线提交投稿（直接访问 www.epubit.com/selfpublish/submission 即可）。

如果您是学校、培训机构或企业用户，想批量购买本书或异步社区出版的其他图书，也可以发邮件给我们。

如果您在网上发现有针对异步社区出品图书的各种形式的盗版行为，包括对图书全部或部分内容的非授权传播，请您将怀疑有侵权行为的链接发邮件给我们。您的这一举动是对作者权益的保护，也是我们持续为您提供有价值的内容的动力之源。

关于异步社区和异步图书

"异步社区"是人民邮电出版社旗下 IT 专业图书社区，致力于出版精品 IT 技术图书和相关学习产品，为作译者提供优质出版服务。异步社区创办于 2015 年 8 月，提供大量精品 IT 技术图书和电子书，以及高品质技术文章和视频课程。更多详情请访问异步社区官网 https://www.epubit.com。

"异步图书"是由异步社区编辑团队策划出版的精品 IT 专业图书的品牌，依托于人民邮电出版社近 30 年的计算机图书出版积累和专业编辑团队，相关图书在封面上印有异步图书的 LOGO。异步图书的出版领域包括软件开发、大数据、人工智能、软件测试、前端、网络技术等。

异步社区

微信服务号

目　　录

第1章
处理数字

让我们开始用 Python 探索数学与科学的世界。本章将从一些简单的问题开始，这样你就可以逐渐了解如何使用 Python。首先是基础的数学运算，随后编写简单的程序来操作和理解数字。

1.1　基本数学运算

本书中，Python 交互界面将成为我们的朋友。启动 Python 3 的 IDLE 界面，键入 print('Hello IDLE')，然后按 Enter 键，在屏幕上输出 Hello IDLE（见图 1-1）。关于如何安装 Python 并启动 IDLE 的说明，请参阅附录 A。IDLE 会按照输入的命令执行，并将单词输出到屏幕上。恭喜你，你刚刚已经编写了一个程序！

当再次看到 ">>>" 提示时，IDLE 已准备好接收更多的指令。

Python 可以像一个神奇的计算器那样进行简单的计算。只要输入一个表达式，Python 就会对它进行计算。按 Enter 键后，结果会立刻显示。

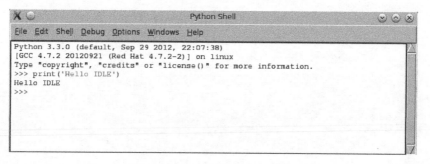

图 1-1 Python 3 的 IDLE 界面

试试看。你可以使用加法（+）和减法（-）运算符来加减数字。例如：

```
>>> 1 + 2
3
>>> 1 + 3.5
4.5
>>> -1 + 2.5
1.5
>>> 100 - 45
55
>>> -1.1 + 5
3.9
```

使用乘法运算符（*）进行乘法运算：

```
>>> 3 * 2
6
>>> 3.5 * 1.5
5.25
```

使用除法运算符（/）进行除法运算：

```
>>> 3 / 2
1.5
>>> 4 / 2
2.0
```

如你所见，当要求 Python 执行除法运算时，它也会返回数字的小数部分。如果希望结果为整数形式，则应该使用向下取整除法运算符（//）：

```
>>> 3 // 2
1
```

向下取整除法运算符将第一个数字除以第二个数字，然后将结果向下取整到最接近的小的整数。当其中一个数字为负数时，这将变得有趣。例如：

```
>>> -3 // 2
-2
```

最终结果是小于除法运算结果的整数（除法运算结果是-3/2 = -1.5，所以最终结果是-2）。

另一方面，如果只需要余数，则应该使用模运算符（%）：

```
>>> 9 % 2
1
```

可以使用指数运算符（**）计算数字的幂。下面的例子展示了这一点：

```
>>> 2 ** 2
4
>>> 2 ** 10
1024
>>> 1 ** 10
1
```

我们也可以使用指数运算符号计算指数小于 1 的幂。例如，n 的平方根可以表示为 $n^{1/2}$，立方根表示为 $n^{1/3}$：

```
>>> 8 ** (1/3)
2.0
```

你也可以使用括号将数学运算式组合成更复杂的表达式。Python 会按照标准的 PEMDAS 规则评估表达式的计算顺序——括号、指数、乘法、除法、加法和减法。考虑以下两个表达式，一个没有括号，而另一个有括号：

```
>>> 5 + 5 * 5
30
>>> (5 + 5) * 5
50
```

在第一个表达式中，Python 首先计算乘法：5 乘以 5 等于 25；25 加 5 等于 30。在第二个表达式中，Python 首先计算括号中的表达式，正如我们预期的：5 加 5 等于 10；10 乘以 5 等于 50。

这些是在 Python 中操作数字的最基本原则。接下来我们学习如何给数字命名。

1.2 标签：给数字命名

当开始设计更复杂的 Python 程序时，我们会给数字命名，有些时候是为了方便，但大部分情况是出于必要。这里有一个简单的例子：

```
❶ >>> a = 3
   >>> a + 1
   4
❷ >>> a = 5
   >>> a + 1
   6
```

在❶处，我们将数字 3 命名为 a。当计算表达式 $a+1$ 的结果时，Python 发现 a 指代的值是 3，然后将 3 加上 1，最后显示结果 4。在❷处，a 指代的值变为 5，$a+1$ 的结果在第二次加法运算时也发生了变化。使用名称 a 的方便之处在于，你只要简单地改变其指代的值，Python 再引用 a 这个名称时就会使用新值。

这种名称被称为标签，你可能在其他地方听到过变量这个术语，变量也是用来表达相同的想法的。然而，考虑到变量也是一个数学术语（例如在方程式 $x+2=3$ 中的 x），为了避免概念上的混淆，本书只在数学方程式和表达式语境中使用变量这个术语。

1.3　不同类型的数字

你可能注意到了，之前在介绍数学运算时我们使用了两类数字——没有小数点的数字（称为整数）以及带有小数点的数字（称为浮点数）。无论数字是整数、浮点数、分数，还是罗马数字，人类都能很容易地识别和处理它们。但是，本书编写的一些程序只有在某些特定类型的数字上执行才有意义，所以我们经常需要编写代码来检查是否输入了正确的数字类型。

Python 将整数和浮点数视为不同的类型。如果使用 type()函数，Python 会显示你刚刚输入的数字类型。例如：

```
>>> type(3)
<class 'int'>

>>> type(3.5)
<class 'float'>

>>> type(3.0)
<class 'float'>
```

在这里，你可以看到 Python 将数字 3 分类为整数（类型"int"），但将 3.0 分类为浮点数（类型"float"）。我们都知道 3 和 3.0 在数学上是等同的，但是在许多情况下，Python 会以不同的方式处理这两个数字，因为它们是两种不同的数字类型。

我们在本章中编写的一些程序仅在输入为整数的情况下才能正常工作。正如我们刚刚看到的那样，Python 不会将 1.0 或 4.0 这样的数字识别为整数，所以如果我们想将类似的数字作为这些程序的有效输入，我们必须把它们从浮点数转换为整数。幸运的是，Python 内置的一个函数可以做到这点：

```
>>> int(3.8)
3
>>> int(3.0)
3
```

int()函数获取输入的浮点数，去掉小数点后的所有内容，返回得到的整数。float()函数的工作原理有点儿类似，但它是执行反向的转换：

```
>>> float(3)
3.0
```

float()获取输入的整数，并在整数后添加一个小数点，将其转换为浮点数。

1.3.1　分数的操作

Python 也可以操作分数，但要做到这一点，我们需要使用 Python 的 fractions

模块。你可以将模块视为由他人编写的程序，但你可以在自己的程序中使用。模块包括类、函数甚至标签定义。它可以是 Python 标准库的一部分，也可以从第三方位置分发。在后一种情况下，你必须先安装该模块才能使用它。

fractions 模块是标准库的一部分，意味着它已经安装了。它定义了一个类 Fraction，这是用来在我们的程序中输入分数的。在使用之前，我们需要导入（import）该模块，这是一种通知 Python 我们要使用这个模块中的类的方法。我们来看一个简单的例子，创建一个新的标签 f，它指代的是分数 3/4：

```
❶ >>> from fractions import Fraction
❷ >>> f = Fraction(3, 4)
❸ >>> f
  Fraction(3, 4)
```

首先我们从 fractions 模块那里导入 Fraction 类❶。接下来，通过传递分子和分母两个参数来创建这个类的对象❷。这样就为分数 3/4 创建了一个 Fraction 对象。当我们输出对象时❸，Python 会以 Fraction（分子，分母）的形式显示分数。

基本的数学运算，包括比较运算，都适用于分数。你还可以在单个表达式中组合分数、整数和浮点数：

```
>>> Fraction(3, 4) + 1 + 1.5
3.25
```

当表达式中有一个浮点数时，表达式的结果将作为浮点数返回。

另外，当表达式中只有一个分数和一个整数时，结果就是分数，即使结果的分母为 1。

```
>>> Fraction(3, 4) + 1 + Fraction(1/4)
Fraction(2, 1)
```

以上我们了解了在 Python 中使用分数的基础知识。接下来介绍另一类数字。

1.3.2　复数

到目前为止，我们看到的数字是所谓的实数。Python 还支持复数，其中虚部由字母 j 或 J 标识（与在数学符号中常用字母 i 来表示不同）。例如，复数 2 + 3i 在 Python 中表示为 2 + 3j：

```
>>> a = 2 + 3j
>>> type(a)
<class 'complex'>
```

正如你所看到的，当我们对一个复数使用 type()函数时，Python 告诉我们这是一个复数类型的对象。

你还可以使用 complex()函数定义复数：

```
>>> a = complex(2, 3)
>>> a
(2 + 3j)
```

这里我们将复数的实部和虚部作为两个参数传递给 complex()函数,并返回一个复数。

你可以用与实数相同的方式对复数进行加减运算:

```
>>> b = 3 + 3j
>>> a + b
(5 + 6j)
>>> a - b
(-1 + 0j)
```

复数的乘法和除法也可以进行类似的操作:

```
>>> a * b
(-3 + 15j)
>>> a / b
(0.8333333333333334 + 0.16666666666666666j)
```

但模(%)和向下取整除法(//)操作对复数无效。

可以使用 real 和 imag 属性来提取复数的实部和虚部,如下所示:

```
>>> z = 2 + 3j
>>> z.real
2.0
>>> z.imag
3.0
```

复数的共轭(conjugate)具有相同的实部,但是具有相同大小和相反符号的虚部。可以使用 conjugate()函数获得:

```
>>> z.conjugate()
(2 - 3j)
```

复数的实部和虚部均为浮点数。借助实部和虚部,你可以通过以下公式计算复数的模:$\sqrt{x^2 + y^2}$,其中 x 和 y 分别是复数的实部和虚部。在 Python 中,可以如下计算:

```
>>> (z.real ** 2 + z.imag ** 2) ** 0.5
3.605551275463989
```

计算复数的模的一个更简单的方法是使用 abs()函数。当使用实数作为参数调用时,abs()函数将返回绝对值。例如,abs(5)和 abs(-5)都返回 5。然而,对于复数,它返回复数的模:

```
>>> abs(z)
3.605551275463989
```

标准库的 cmath 模块(其中 c 表示复数)提供了许多专门的函数来处理复数。

1.4 获取用户输入

当编写程序时,使用 input()函数接收用户输入是一种简单且友好的方法。通过它我们可以编写要求用户输入数字的程序,对用户输入的数字执行特定的操作,然后显示操作的结果。让我们看一个例子：

```
❶ >>> a = input()
❷ 1
```

在❶处，我们调用 input()函数，它正等待你键入某些内容，如❷所示，输入内容之后，按 Enter 键。输入的数字存储在 *a* 中：

```
>>> a
❸ '1'
```

注意❸处数字 1 左右的单引号。input()函数以字符串形式返回输入。在 Python 中，字符串是两个引号之间的任何一组字符。当你要创建字符串时，可以使用单引号或双引号：

```
>>> s1 = 'a string'
>>> s2 = "a string"
```

这里，s1 和 s2 是相同的字符串。

即使字符串中只有数字字符，Python 也不会将该字符串视为数字，除非我们删除引号。因此在我们对输入的数字执行任何数学运算之前，我们必须把它转换成正确的数字类型。可以分别使用 int()函数或 float()函数将字符串转换为整数或浮点数：

```
>>> a = '1'
>>> int(a) + 1
2
>>> float(a) + 1
2.0
```

这两个函数就是我们之前看到的 int()函数和 float()函数，但是这次，不是将输入从一类数字转换为另一类，而是将一个字符串作为输入（'1'）并返回一个数字（2或 2.0）。然而，有一点要注意，int()函数不能将包含浮点数的字符串转换为整数。如果将一个具有浮点数的字符串（例如"2.5"或"2.0"）输入 int()函数中，你会收到一条错误消息：

```
>>> int('2.0')
Traceback (most recent call last):
  File "<pyshell#26>", line 1, in <module>
    int('2.0')
ValueError: invalid literal for int() with base 10: '2.0'
```

这是一个异常（exception）的例子，Python 以这种方式告诉你，由于错误它不能继续执行你的程序。在这种情况下，异常是 ValueError 类型（有关异常情况的简单回顾，请参阅附录 B）。

同样，当你输入一个分数如 3/4 时，Python 不能将其转换为等价的浮点数或整数，再次引发 ValueError 异常：

```
>>> a = float(input())
3/4
Traceback (most recent call last):
```

```
    File "<pyshell#25>", line 1, in <module>
      a=float(input())
ValueError: could not convert string to float: '3/4'
```

你可能会发现在 try...except 块中执行转换非常有用，这样你就可以处理此异常并提醒用户程序遇到无效输入。下面我们来看看 try...except 的程序块。

1.4.1 处理异常和无效输入

如果你不熟悉 try...except，这里简单介绍一下它的基本思想：如果你在一个try...except 程序块中执行一个或多个语句，一旦执行出错，你的程序不会崩溃，而是输出一个 Traceback。然后，程序的执行转移到 except 后的块，你可以在其中执行适当的操作，例如，输出有用的错误消息或尝试其他操作。

下面使用 try...except 块执行之前的转换，并在输入无效时输出一条有用的错误消息：

```
>>> try:
        a = float(input('Enter a number: '))
except ValueError:
        print('You entered an invalid number')
```

请注意，我们需要指定要处理的异常类型。在这里，因为要处理 ValueError 异常，所以将异常类型指定为 except ValueError。

现在，当你给出一个无效输入如 3/4 时，Python 会输出一条有用的错误信息，如❶所示：

```
Enter a number: 3/4
❶ You entered an invalid number
```

你还可以使用 input()函数指定提示，告诉用户此处需要什么类型的输入。例如：

```
>>> a = input('Input an integer: ')
```

现在用户将看到输入一个整数后的提示消息：

```
Input an integer: 1
```

本书的许多程序会要求用户输入一个数字，所以必须确保在对这些数字执行任何操作之前进行了适当的转换。你可以在单个语句中组合输入和转换函数，如下所示：

```
>>> a = int(input())
1
>>> a + 1
2
```

如果用户输入的是一个整数，自然没问题，但是如前所述，如果输入的是一个浮点数（即使是类似于 1.0 的整数），也会产生一个错误：

```
>>> a = int(input())
1.0
```

```
Traceback (most recent call last):
  File "<pyshell#42>", line 1, in <module>
    a=int(input())
ValueError: invalid literal for int() with base 10: '1.0'
```

为了避免这个错误，我们可以设置一个 ValueError 捕获，就像我们之前看到的那样。这样一来，该程序将捕获浮点数，而这在针对整数的程序中则不起作用。然而，它也会标记像 1.0 和 2.0 这样的数字，Python 将这些数字视为浮点数，但是这些数字等同于整数，如果将它们作为正确的 Python 类型输入，就可正常工作。

为了解决这个问题，我们将使用 is_integer()函数来过滤小数点后带有效数字的任何数字（此方法仅针对 Python 中的 float 类型的数字，不适用于已经以整数形式输入的数字）。

这里有一个例子：

```
>>> 1.1.is_integer()
False
```

在这里，我们调用 is_integer()来检查 1.1 是否为整数，结果为 False，因为 1.1 是一个浮点数。而将 1.0 作为浮点数调用时，检查结果为 True：

```
>>> 1.0.is_integer()
True
```

我们可以使用 is_integer()过滤掉非整数输入，同时保留 1.0 这样的输入，即表示为浮点数，但等价于整数。稍后我们会看到该方法如何应用于更大的程序。

1.4.2　将分数和复数作为输入

我们之前学到的 Fraction 类还能够将字符串（例如'3/4'）转换为 Fraction 对象。事实上，这就是我们接收分数作为输入的方法：

```
>>> a = Fraction(input('Enter a fraction: '))
Enter a fraction: 3/4
>>> a
Fraction(3, 4)
```

尝试输入一个分数，如 3/0：

```
>>> a = Fraction(input('Enter a fraction: '))
Enter a fraction: 3/0
Traceback (most recent call last):
  File "<pyshell#2>", line 1, in <module>
    a = Fraction(input('Enter a fraction: '))
  File "/usr/lib64/python3.3/fractions.py", line 167, in __new__
    raise ZeroDivisionError('Fraction(%s, 0)' % numerator)
ZeroDivisionError: Fraction(3, 0)
```

ZeroDivisionError 异常信息告诉我们（如同你已经知道的），分母为 0 的分数无效。如果你计划让用户在某个程序中将分数作为输入，最好始终捕获此类异常。你可以这样做：

```
>>> try:
        a = Fraction(input('Enter a fraction: '))
except ZeroDivisionError:
        print('Invalid fraction')

Enter a fraction: 3/0
Invalid fraction
```

现在，每当程序的用户输入分母为 0 的分数时，Python 将输出分数无效（Invalid fraction）的信息。

类似地，complex()函数可以将诸如'2+3j'的字符串转换为复数：

```
>>> z = complex(input('Enter a complex number: '))
Enter a complex number: 2+3j
>>> z
(2+3j)
```

如果你输入的字符串为'2 + 3j'（带空格），则会导致 ValueError 错误信息：

```
>>> z = complex(input('Enter a complex number: '))
Enter a complex number: 2 + 3j
Traceback (most recent call last):
  File "<pyshell#43>", line 1, in <module>
    z = complex(input('Enter a complex number: '))
ValueError: complex() arg is a malformed string
```

当将字符串转换为复数时，最好捕获 ValueError 异常，就像我们对其他数字类型所做的那样。

1.5　编写一个数学计算程序

现在我们已经学习了一些基本的概念，我们可以将它们与 Python 的条件语句和循环语句结合起来，编写一些更高级、更有用的程序。

1.5.1　计算整数因子

当非零整数 a 除另一个整数 b，余数为 0 时，a 称为 b 的因子。例如，2 是所有偶数整数的因子。我们可以编写下面的函数来确定非零整数 a 是否是另一个整数 b 的因子：

```
>>> def is_factor(a, b):
        if b % a == 0:
            return True
        else:
            return False
```

我们使用本章前面介绍的%运算符来计算余数。如果你发现自己在问"4 是不是 1024 的因子"这类问题，可以使用 is_factor()函数得到答案：

```
>>> is_factor(4, 1024)
True
```

对于任何正整数 *n*，如何找到其所有的正因子？对于 1 和 *n* 之间的每个整数，我们检查 *n* 除以该整数后的余数。如果余数为 0，那么这个整数就是一个因子。使用 range() 函数来编写一个程序，它将遍历 1 到 *n* 之间的每个数字。

在编写完整的程序之前，先来看看 range() 如何工作。range() 函数的典型用法如下所示：

```
>>> for i in range(1, 4):
        print(i)
1
2
3
```

在这里，我们设置了一个 for 循环，并给 range() 函数传入了两个参数。range() 函数从第一个整数参数（起始值）开始，一直到第二个整数参数（停止值）截止。在这个例子中，我们告诉 Python 输出该范围内的数字，从 1 开始，到 4 停止。注意，这意味着 Python 不会输出 4，所以最后输出的数字是停止值之前的数字 3。同时也要注意，range() 函数只接收整数作为参数。

你也可以不指定 range() 函数的起始值，在这种情况下，起始值被假定为 0。例如：

```
>>> for i in range(5):
        print(i)
0
1
2
3
4
```

由 range() 函数产生的两个连续整数之间的差称为步长值（step value）。默认情况下，步长值为 1。要定义其他的步长值，请将其指定为第三个参数（这时，需指定起始值）。例如，下面的程序将输出 10 以下的奇数：

```
>>> for i in range(1,10,2):
        print(i)
1
3
5
7
9
```

我们已经了解了 range() 函数是如何工作的，接下来考虑一个因子计算程序。因为我们将要编写一个相当长的程序，所以在 IDLE 编辑器里编写，而不是在交互式的 IDLE 界面中。你可以在 IDLE 中选择 File->New Window（或者 New File）来启动编辑器。请注意，我们首先用三个单引号 (') 来注释代码，这些引号之间的文本不会被 Python 作为程序的一部分执行，它们只是我们对程序的注释。

```
'''
Find the factors of an integer
'''
```

```
    def factors(b):
❶      for i in range(1, b+1):
            if b % i == 0:
                print(i)

    if __name__ == '__main__':
        b = input('Your Number Please: ')
        b = float(b)

❷      if b > 0 and b.is_integer():
            factors(int(b))
        else:
            print('Please enter a positive integer')
```

factors()函数定义了一个 for 循环，在❶处，该循环使用 range()函数对 1 和输入的数字之间的每个整数迭代一次。这里，我们要迭代到用户输入的整数 b，所以停止值被设置为 $b+1$。对于每个整数 i，程序检查输入数字 b 除以 i 后是否没有余数，如果没有余数，就输出 i。

当你运行此程序（选择 Run->Run Module）时，它会要求你输入一个数字。如果你输入的数字是正整数，程序会输出其因子，例如：

```
Your Number Please: 25
1
5
25
```

如果输入的是非整数或负整数，程序会输出一条错误信息，并要求你输入一个正整数：

```
Your Number Please: 15.5
Please enter a positive integer
```

在这个例子中，我们通过检查程序的无效输入，使程序对用户更加友好。因为我们的程序仅用于查找正整数的因子，所以在❷处检查输入的数字是否大于 0 并且使用 is_integer()函数检查输入的数是否是整数，以确保输入有效。如果输入的数不是正整数，程序将输出一个用户友好的指令，而不是一长串的错误信息。

1.5.2 生成乘法表

考虑三个数字 a、b 和 n，其中 n 是整数，使得 $a \times n = b$。此处我们可以说，b 是 a 的第 n 个倍数。例如，4 是 2 的第二个倍数，1024 是 2 的第 512 个倍数。

一个数字的乘法表列出了该数字的所有倍数。例如，2 的乘法表是这样的（这里给出了 2 的前三个倍数）：

2×1=2

2×2=4

2×3=6

我们的下一个程序就是为用户输入的任何数字生成最大到乘数 10 的乘法表。在这个程序中，我们将使用 format()函数与 print()函数来使程序的输出看起来更友好、更可读。下面简要介绍一下它的工作原理。

format()函数可以插入标签并对其进行设置，以获得一个友好的、可读的字符串输出。例如，假设我们有在杂货店购买的所有水果的名称，并为每种水果创建了单独的标签，现在想输出一个连贯的句子，可以使用 format()函数：

```
>>> item1 = 'apples'
>>> item2 = 'bananas'
>>> item3 = 'grapes'
>>> print('At the grocery store, I bought some {0} and {1} and {2}'.format(item1, item2, item3))
At the grocery store, I bought some apples and bananas and grapes
```

首先，我们创建了三个标签（item1、item2 和 item3），每个标签指代不同的字符串（苹果、香蕉和葡萄）。然后，在 print()函数中，我们键入字符串，它包含了三个在大括号中的占位符，分别为{0}、{1}和{2}。接下来是.format()，它的参数为之前创建的三个标签，这会告诉 Python 按照列出的顺序，用这些标签保存的值来填充这三个占位符，因此，在 Python 的输出文本中，第一个标签的内容替换了{0}，第二个标签的内容替换了{1}，依此类推。

使用标签指向我们要输出的值并非必要，我们可以在.format()中直接键入值，如下例所示：

```
>>> print('Number 1: {0} Number 2: {1} '.format(1, 3.578))
Number 1: 1 Number 2: 3.578
```

请注意，占位符的数量和标签（或键入值）的数量必须相等。

了解了 format()的工作原理之后，接下来让我们看看生成乘法表的程序：

```
'''
Multiplication table printer
'''

def multi_table(a):
❶    for i in range(1, 11):
        print('{0} x {1} = {2}'.format(a, i, a*i))

if __name__ == '__main__':
    a = input('Enter a number: ')
    multi_table(float(a))
```

multi_table()函数实现程序的主要功能，它将输出 a 的乘法表（a 也是参数）。因为我们要输出从 1 到 10 的乘法表，所以在❶处有一个 for 循环，它将迭代这些数字中的每一个数字，输出它本身和数字 a 的乘积。

当你执行程序时，它会让你输入一个数字，然后该程序输出其乘法表：

```
Enter a number : 5
5.0 x 1 = 5.0
5.0 x 2 = 10.0
```

```
5.0 x 3 = 15.0
5.0 x 4 = 20.0
5.0 x 5 = 25.0
5.0 x 6 = 30.0
5.0 x 7 = 35.0
5.0 x 8 = 40.0
5.0 x 9 = 45.0
5.0 x 10 = 50.0
```

看到这张清晰又有秩序的乘法表了吗？这正是我们使用了.format()函数，根据可读、统一的模板输出的内容。

你可以使用 format()函数来进一步控制数字输出的形式。例如，如果希望数字只有两位小数，可以参考下面的例子：

```
>>> '{0}'.format(1.25456)
'1.25456'
>>> '{0:.2f}'.format(1.25456)
'1.25'
```

第一个 format 语句将我们输入的数字原封不动地输出。在第二个语句中，我们将占位符修改为{0:.2f}，这意味着我们只需要小数点后面的两个数字，其中 f 表示一个浮点数。如你所见，在下一个输出中，小数点后只有两个数字。请注意，如果数字小数点后的位数多于你指定的位数，则该数字将四舍五入，例如：

```
>>>'{0:.2f}'.format(1.25556)
'1.26'
```

在这里，1.25556 向上取整到最接近的百分位，并输出为 1.26。如果将.2f 应用到整数上，则会在小数点后面添加零：

```
>>>'{0:.2f}'.format (1)
'1.00'
```

添加两个零是因为我们指定在小数点后输出两个数字。

1.5.3 转换测量单位

国际单位制定了 7 个基本量，将它们用于导出其他量，其他量称为导出量。长度（包括宽度、高度和深度）、时间、质量和温度是 7 个基本量中的 4 个，它们各自都有一个标准的计量单位，分别为米、秒、千克和开尔文。

但是，这些标准计量单位各自也对应着多个非标准计量单位。你更熟悉温度为 30 摄氏度或 86 华氏度，而不是 303.15 开尔文。这是否意味着 303.15 开尔文比 86 华氏度还要热三倍？并非如此！我们不能仅比较 86 华氏度与 303.15 开尔文的数值，因为它们以不同的计量单位表示，即使它们测量的物理量是相同的（温度）。只有当物理量的两个数值用相同的计量单位表示时，才能比较它们。

不同计量单位之间的转换可能会很棘手，这就是为什么在高中数学课上经常被要求解决涉及不同计量单位之间转换的问题。这是测试你基本数学技能的好方法。

但是，Python 也有很多数学技能，与高中生不同的是，它不会厌倦一遍又一遍地计算数字！接下来，我们将探讨如何编写程序来执行单位转换。

我们从长度开始。在美国和英国，英寸和英里经常用于长度测量，而其他大多数国家使用厘米和千米。

1 英寸约等于 2.54 厘米，你可以使用乘法运算将英寸的计量值转换为厘米。然后你可以将以厘米为单位的计量值除以 100，获得以米为单位的计量值。例如，你可以将 25.5 英寸转换成米：

```
>>> (25.5 * 2.54) / 100
0.6476999999999999
```

另一方面，1 英里大约相当于 1.609 千米，所以如果你看到你的目的地距你 650 英里，那么换算成国际单位的距离应该是 650×1.609 千米：

```
>>> 650 * 1.609
1045.85
```

现在来看一下温度转换——从华氏温度到摄氏温度，以及反向转换。使用以下公式将以华氏度表示的温度转换成摄氏度温度：

$$C = (F - 32) \times \frac{5}{9}$$

其中，F 指华氏度，C 指摄氏度。你知道 98.6 华氏度是人体的正常温度。要得到相应的摄氏温度，我们在 Python 中用上述公式计算：

```
>>> F = 98.6
>>> (F-32) * (5/9)
37.0
```

这个例子中，我们创建了一个标签 F，它指代 98.6 华氏度。接下来，我们使用公式计算该温度对应的摄氏度，结果为 37.0 摄氏度。

要将温度从摄氏度转换为华氏度，可以使用下面的公式：

$$F = \left(C \times \frac{9}{5} \right) + 32$$

你可以用类似的方式计算此公式：

```
>>> C = 37
>>> C * (9/5) + 32
98.60000000000001
```

这里，我们创建了一个标签 C，值为 37（人体正常温度，单位为摄氏度）。然后，使用公式将其转换成华氏度，结果为 98.6 华氏度。

一次又一次地编写这些转换公式是一件麻烦的事。我们编写一个可以进行单位转换的程序。该程序将提供一个菜单，允许用户选择要执行的转换，询问相关输入，然后输出计算结果。程序如下所示：

```
'''
Unit converter: Miles and Kilometers
'''

def print_menu():
    print('1. Kilometers to Miles')
    print('2. Miles to Kilometers')

def km_miles():
    km = float(input('Enter distance in kilometers: '))
    miles = km / 1.609

    print('Distance in miles: {0}'.format(miles))

def miles_km():
    miles = float(input('Enter distance in miles: '))
    km = miles * 1.609

    print('Distance in kilometers: {0}'.format(km))

if __name__ == '__main__':
❶   print_menu()
❷   choice = input('Which conversion would you like to do?: ')
    if choice == '1':
        km_miles()

    if choice == '2':
        miles_km()
```

　　相比其他程序，这段程序比较长，但是不用担心，其实很简单。我们从❶处开始，print_menu()函数被调用，它输出具有两个单位转换选项的菜单。在❷处，用户被询问选择两个转换中的一个。如果选择输入为1（千米到英里），则调用 km_miles()函数。如果选择输入为2（英里到千米），则调用 miles_km()函数。在这两个函数中，首先询问用户输入距离（km_miles()用千米表示，miles_km()用英里表示），然后，程序使用相应的公式执行转换并显示结果。

　　以下是程序的运行示例：

```
1. Kilometers to Miles
2. Miles to Kilometers
❶ Which conversion would you like to do?: 2
Enter distance in miles: 100
Distance in kilometers: 160.900000
```

　　在❶处，用户需要输入一个选项，这里选择输入2（英里到千米）。然后，程序提示用户输入以英里为单位的距离，并将其转换为千米，然后输出结果。

　　这个程序只是在英里和千米之间进行转换，但在本章末尾的编程挑战中，你将扩展此程序，以便执行其他的单位转换。

1.5.4　求二次方程的根

　　假设有一个方程式，如 $x + 500 - 79 = 10$，你需要求得未知变量 x 的值，你会怎么做？重新排列这些等式项，使常数（500、−79 和 10）在方程一侧，而变量（x）在另一侧，这将得到等式：$x = 10-500 + 79$。

根据右边表达式的结果得到 x 的值，即方程的解，也称为这个方程的根。在 Python 中，可以执行以下操作：

```
>>> x = 10 - 500 + 79
>>> x
-411
```

这是一个线性方程的例子。一旦你重新排列了方程式两边的计算项，方程就容易计算了。另外，对于 $x^2 + 2x + 1 = 0$ 这样的方程式，求 x 的值通常涉及计算一个被称为二次方程的复杂表达式。这些二次方程通常表示为 $ax^2 + bx + c = 0$，其中 a、b 和 c 都是常数。计算二次方程的根的公式如下：

$$x_1 = \frac{-b + \sqrt{b^2 - 4ac}}{2a} \quad , \quad x_2 = \frac{-b - \sqrt{b^2 - 4ac}}{2a}$$

一个二次方程有两个根，x 的两个值使得二次方程的两边相等（尽管有时这两个值相同），这两个值由求根公式中的 x_1 和 x_2 表示。

将方程式 $x^2 + 2x + 1 = 0$ 与通用二次方程进行比较，得到 $a = 1$、$b = 2$、$c = 1$。我们可以将这些值直接代入求根公式来计算 x_1 和 x_2 的值。在 Python 中，我们给标签 a、b 和 c 赋值：

```
>>> a = 1
>>> b = 2
>>> c = 1
```

然后，考虑到这两个求根公式都包含 $b^2 - 4ac$，我们将定义一个新标签 D，使得 $D = b^2 - 4ac$：

```
>>> D = (b ** 2 - 4 * a * c) ** 0.5
```

可以看到，我们通过计算 $b^2 - 4ac$ 的 0.5 次方来得到其平方根，现在我们可以编写用于计算 x_1 和 x_2 的表达式：

```
>>> x_1 = (-b + D) / (2 * a)
>>> x_1
-1.0
>>> x_2 = (-b - D) / (2 * a)
>>> x_2
-1.0
```

在这个例子中，两个根的值是相同的，如果将该值代入方程 x^2+2x+1，则方程的计算结果为 0。

我们的下一个程序将实现把所有这些步骤组合到 roots() 函数中，该函数将 a、b 和 c 的值作为参数，计算并输出所有的根：

```
'''
Quadratic equation root calculator
```

```
'''

def roots(a,b,c):

    D =(b * b-4 * a * c)** 0.5
    x_1 =(-b + D)/(2 * a)
    x_2 =(-b - D)/(2 * a)

    print('x1:{0}'.format(x_1))
    print('x2:{0}'.format(x_2))

if __name__ =='__main__':
    a = input('Enter a:')
    b = input('Enter b:')
    c = input('Enter c:')
    roots(float(a),float(b),float(c))
```

在这段程序中，首先，我们使用标签 a、b 和 c 来指代二次方程中三个常数的值。然后，我们将这三个值作为参数调用 roots()函数（先将它们转换为浮点数），将 a、b 和 c 代入二次方程的公式中，计算并输出该方程的根。

当你执行程序时，首先询问输入 a、b 和 c 的值，这些值对应于用户想要计算的根的二次方程。

```
Enter a: 1
Enter b: 2
Enter c: 1
x1: -1.000000
x2: -1.000000
```

尝试求解一些 a、b、c 取不同常数值时的二次方程，程序将正确地找到根。

可能你知道二次方程也可以有复数的根。例如，方程 $x^2+x+1=0$ 的根都是复数。以上程序也能让你求解这类方程。让我们再次执行程序（常数是 $a=1$、$b=1$ 和 $c=1$）：

```
Enter a: 1
Enter b: 1
Enter c: 1
x1: (-0.49999999999999994+0.8660254037844386j)
x2: (-0.5-0.8660254037844386j)
```

以上输出的根是复数（用 j 表示），程序可以很好地计算和显示它们。

1.6   本章内容小结

完成第 1 章是很好的开始！我们学习了编写程序来识别整数、浮点数、分数（可以表示为分数或浮点数）和复数；我们还编写了生成乘法表、执行单位转换和求二次方程的根的程序。你已经迈出了第一步，相信你已经体会到了编写能帮助你进行数学计算的程序的快乐。在继续学习前，这里有一些编程挑战，让你有机会进一步应用所学到的知识。

1.7　编程挑战

这里有一些挑战题目，让你有机会练习在本章中学到的概念。每个问题都可以通过多种方式解决，你可以在 http://www.nostarch.com/doingmathwithpython/ 上找到这些示例的答案。

#1：偶数奇数自动售货机

尝试编写一个"偶数奇数自动售货机"程序，它以一个数字作为输入，它做了两件事情：

（1）输出数字是偶数还是奇数；

（2）显示 2，同时显示接下来的 9 个偶数或奇数。

如果输入为 2，程序应输出"偶数"，然后输出 2、4、6、8、10、12、14、16、18、20。类似地，如果输入为 1，程序应输出"奇数"，然后输出 1、3、5、7、9、11、13、15、17、19。

如果输入是一个带有小数位的数字，程序应使用 is_integer() 函数显示错误信息。

#2：增强型乘法表生成器

我们的乘法表生成器很酷，但它只输出前 10 个乘积。尝试增强这个乘法表生成器，使用户可以同时指定数字和倍数。例如，我们想看到程序列出前 15 个 9 的倍数的乘法表。

#3：增强型单位转换器

我们在本章中编写的单位转换程序仅限于千米和英里之间的转换。尝试扩展程序，例如扩展到质量单位（千克和磅）之间以及温度单位（摄氏温度和华氏温度）之间进行转换。

#4：分数计算器

编写一个可以对两个分数执行基本数学运算的计算器。它应该要求用户输入两个分数和用户想要执行的数学操作。作为一个开头，下面只展示了使用加法操作来编写程序：

```
'''
Fraction operations
'''
from fractions import Fraction

def add(a, b):
```

```
        print('Result of Addition: {0}'.format(a+b))

    if __name__ == '__main__':
❶       a = Fraction(input('Enter first fraction: '))
❷       b = Fraction(input('Enter second fraction: '))
        op = input('Operation to perform - Add, Subtract, Divide, Multiply: ')
        if op == 'Add':
            add(a,b)
```

你已经看到了此程序中的大部分元素。在❶和❷处，我们要求用户输入两个分数。接着，询问用户要对这两个分数执行哪个操作。如果用户输入"Add"，我们将调用 add()函数。我们定义了这个函数，使这个函数可用来计算作为参数传递的两个分数的和。add()函数执行的操作和输出的结果如下所示：

```
Enter first fraction: 3/4
Enter second fraction: 1/4
Operation to perform - Add, Subtract, Divide, Multiply: Add
Result of Addition: 1
```

尝试添加对减法、除法和乘法等其他操作的支持。例如，下面的示例可以计算两个分数的差：

```
Enter first fraction: 3/4
Enter second fraction: 1/4
Operation to perform - Add, Subtract, Divide, Multiply: Subtract
Result of Subtraction: 2/4
```

在除法操作下，你应该让用户知道，是第一个分数除以第二个分数，还是相反。

#5：为用户设置退出选项

迄今为止，我们编写的所有程序只能用于一次输入和输出。例如，输出乘法表的程序：用户执行程序，输入一个数字，然后程序输出乘法表并退出。如果用户想要输出另一个数字的乘法表，则不得不重新运行该程序。

如果用户可以选择是退出还是继续使用该程序，这将更加方便。编写这样的程序的关键是建立一个无限循环，或者是一个除非明确要求，否则不会退出的循环。下面，你可以看到这样一个程序的布局示例：

```
'''
Run until exit layout
'''

def fun():
    print('I am in an endless loop')

if __name__ == '__main__':
❶   while True:
        fun()
❷       answer = input('Do you want to exit? (y) for yes ')
        if answer == 'y':
                break
```

在❶处我们使用 while True 定义了一个无限循环。while 循环会继续执行，除非条件的计算结果为 False。因为我们选择循环的条件为常量值 True，除非我们强行中断它，否则这个循环将一直运行下去。在该循环中，我们调用 fun()函数，输出"I am in an endless loop（我处于无限循环中）"的字符串。在❷处，用户被问到"Do you want to exit?（是否要退出？）"，如果用户输入 y，则程序使用 break 语句退出循环（break 语句从最内层循环中退出，不执行该循环中的任何其他语句）。如果用户键入的是任何其他的输入（或者根本没有输入，只需按 Enter 键），while 循环将继续执行，也就是说，程序将再次输出字符串，并继续执行，直到用户希望退出为止。以下是程序的运行示例：

```
I am in an endless loop
Do you want to exit? (y) for yes n
I am in an endless loop
Do you want to exit? (y) for yes n
I am in an endless loop
Do you want to exit? (y) for yes n
I am in an endless loop
Do you want to exit? (y) for yes y
```

基于这个例子，让我们重写乘法表生成器，使其一直运行，直到用户想要退出为止。新版本的程序如下所示：

```
'''
Multiplication table printer with
exit power to the user
'''

def multi_table(a):

    for i in range(1, 11):
        print('{0} x {1} = {2}'.format(a, i, a*i))

if __name__ == '__main__':

    while True:
        a = input('Enter a number: ')
        multi_table(float(a))

        answer = input('Do you want to exit? (y) for yes ')
        if answer == 'y':
            break
```

如果你将此程序与之前编写的程序进行比较，你将看到唯一的变化是添加了 while 循环，其中包括提示用户输入一个数字以及对 multi_table()函数的调用。

当你运行程序时，同之前一样，程序会询问你以获得一个数字，并输出其乘法表。然而，程序随后还会询问你，是否希望退出程序。如果你不想退出，程序将准备输出另一个数字的乘法表。这是一个运行示例：

```
Enter a number: 2
2.000000 x 1.000000 = 2.000000
2.000000 x 2.000000 = 4.000000
```

```
2.000000 x 3.000000 = 6.000000
2.000000 x 4.000000 = 8.000000
2.000000 x 5.000000 = 10.000000
2.000000 x 6.000000 = 12.000000
2.000000 x 7.000000 = 14.000000
2.000000 x 8.000000 = 16.000000
2.000000 x 9.000000 = 18.000000
2.000000 x 10.000000 = 20.000000
Do you want to exit? (y) for yes n
Enter a number:
```

尝试重写本章中其他的程序，以便在用户要求退出之前可以继续执行。

第2章

数据可视化

在本章中，你将学习一种强大的呈现数字数据的方法：使用 Python 进行绘图。我们首先讨论数轴和笛卡儿平面。然后，我们将介绍强大的绘图库 matplotlib 以及如何使用它来创建图形。接着，我们将探索如何用图形清晰、直观地呈现数据。最后，我们将使用图形来探索牛顿万有引力定律和抛物运动。马上开始吧！

2.1 了解笛卡儿坐标平面

考虑一个数轴，如图 2-1 所示。–3 到 3 之间的整数被标记在数轴上（包含–3 和 3），但是某两个整数之间（例如 1 和 2）分布着所有可能的数字，例如 1.1、1.2、1.3，等等。

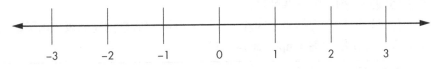

图 2-1　数轴

数轴使某些属性看上去更直观。例如，0 右侧的数字都是正数，0 左侧的数字都是负数。当数字 *a* 位于另一个数字 *b* 的右侧时，*a* 总是大于 *b*，*b* 总是小于 *a*。

数轴末端的箭头表示该数轴无限延伸，并且该数轴上的任何一个点都对应某个实数，无论这个数有多大。一个数字即是数轴上的一个点。

现在考虑如图 2-2 排列的两条数轴。数轴彼此成直角相交，并在各自的 0 点处交叉，这样就形成笛卡儿坐标平面（或 *xOy* 平面），水平数轴被称为 *x* 轴，垂直数轴被称为 *y* 轴。

与数轴一样，平面上的点可以无穷多。我们用一对数字，而不是一个数字来描述一个点。例如，我们用两个数字 *x* 和 *y* 来描述图 2-2 中的点 *A*，通常写为 (*x*, *y*)，并将 (*x*, *y*) 称为点的坐标。如图 2-2 所示，*x* 是 *x* 轴方向点到原点的距离，*y* 是 *y* 轴方向点到原点的距离。两轴相交的点称为原点，其坐标为 (0, 0)。

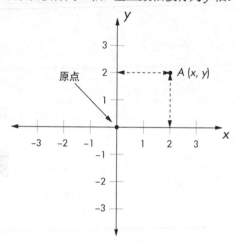

图 2-2 笛卡儿坐标平面

笛卡儿坐标平面使我们能够可视化两组数字之间的关系。此处，我们不严格地使用术语"集合"表示一组数字（我们将在第 5 章中学习数学集合以及如何在 Python 中操作它们）。无论这两组数字代表什么（温度、棒球分数或课堂测试分数），你所需要的只是数字本身。随后，可在绘图纸上或使用 Python 编写程序在计算机上绘制它们。在本书后面的部分，我将使用术语"绘制"（plot）来表示绘制两组数字，术语"图形"（graph）来表示其结果——线、曲线或简单的笛卡儿平面上的点集。

2.2　使用列表和元组

当我们用 Python 绘制图形时，我们将使用列表（lists）和元组（tuples）。在 Python 中，它们是存储一组值的两种不同的方法。元组和列表在多数情况下非常相似，但有一个主要区别：列表创建完成后，可以向其中添加新值并更改值的顺序。与此相反，元组中的值是固定的，无法更改。我们使用列表来存储要绘制的点的 *x* 坐标和 *y* 坐标。当我们学习定制图形的范围时，元组会在 2.3 节自定义图形时介绍。下面，我们回顾一下列表的一些特性。

你可以通过在方括号之间输入以逗号分隔的值来创建列表。以下语句将创建一个列表，并使用标签 simplelist 指代它：

```
>>> simplelist = [1, 2, 3]
```

现在，你可以使用标签和列表中数字的位置（称为索引）来指代数字 1、2 和 3。因此 simplelist [0]指第一个数字，simplelist [1]指第二个数字，而 simplelist [2]指第三个数字：

```
>>> simplelist [0]
1
>>> simplelist [1]
2
>>> simplelist [2]
3
```

请注意，列表的第一项位于索引 0，第二项位于索引 1，依此类推，即列表中的位置从 0 开始计数，而不是 1。

列表也可以存储字符串：

```
>>> stringlist = ['a string', 'b string', 'c string']
>>> stringlist [0]
'a string'
>>> stringlist [1]
'b string'
>>> stringlist [2]
'c string'
```

创建列表的一个优点是你不必为每个值创建单独的标签，只需为列表创建一个标签，并使用索引位置来指代每个项。此外，你可以在需要存储新值时将新值添加到列表中，因此，如果你事先不知道可能需要存储多少个数字或字符串，则列表是存储数据的最佳选择。

一个空列表就是没有项目或元素的列表，它可以通过如下语句创建：

```
>>> emptylist = []
```

如果你事先不知道列表的具体内容，而要在程序运行期间向其中添加值，那么空列表是有用的。这种情况下，你可以创建一个空列表，然后使用 append()函数添加项：

```
❶ >>> emptylist
  []
❷ >>> emptylist.append(1)
  >>> emptylist
  [1]
❸ >>> emptylist.append(2)
  >>> emptylist
❹ [1, 2]
```

在❶处，创建空列表 emptylist。接下来在❷处将数字 1 附加到列表中，然后在❸处附加数字 2。在❹处，列表变成了[1, 2]。请注意，当你使用.append()函数时，该函数中的值将被添加到列表的末尾。这只是将值添加到列表中的一种方法，还有其他方法，但在本章中不需要使用。

创建一个元组类似于创建一个列表，不过是使用圆括号而不是方括号：

```
>>> simpletuple =(1,2,3)
```

你可以使用相应的索引指代 simpletuple 中的某个数字，就像列表一样：

```
>>> simpletuple [0]
1
>>> simpletuple [1]
2
>>> simpletuple [2]
3
```

你也可以对列表和元组使用负索引。例如，simplelist [-1]和 simpletuple [-1]将指代列表或元组的最后一个元素，simplelist [-2]和 simpletuple [-2]将指代倒数第二个元素，等等。

如列表一样，元组也可以将字符串作为值，并且你可以创建一个没有元素的空元组 emptytuple =()。但是，这里并没有 append()函数向现有的元组添加一个新值，因此你无法将值添加到一个空的元组中。创建元组后，其中的内容就不能更改了。

迭代列表或元组

我们可以使用 for 循环迭代列表或元组，如下所示：

```
>>> l = [1, 2, 3]
>>> for item in l:
        print (item)
```

这将输出列表中的项：

```
1
2
3
```

元组中的项可以以相同的方式提取出来。

有时可能需要知道列表或元组中项的位置或索引，可以使用 enumerate()函数来迭代列表的所有项，并返回项的索引以及项本身，我们使用标签 index 和 item 来指代它们：

```
>>> l = [1, 2, 3]
>>> for index, item in enumerate (l) :
        print(index,item)
```

这将产生以下输出：

```
0 1
1 2
2 3
```

上述操作也适用于元组。

2.3 用 matplotlib 绘图

我们将使用 matplotlib 与 Python 进行绘图。matplotlib 是一个 Python 包（package），它是具有相关功能的模块集合。在这里，模块可用于绘制数字和制作图形。matplotlib 并没有内置在 Python 的标准库中，所以你必须安装它。安装说明将在附录 A 中介绍。安装完成后，启动一个 Python shell。如安装说明中所述，你可以继续使用 IDLE shell 或使用 Python 的内置 shell。

现在我们来绘制第一个图形。从只有三个点的简单图形开始，三个点的坐标分别为：（1，2）、（2，4）和（3，6）。要创建这个图形，我们首先创建两个数字列表，一个存储这几个点的 x 坐标，另一个存储这几个点的 y 坐标。以下两个语句可以创建列表 x_numbers 和 y_numbers：

```
>>> x_numbers = [1, 2, 3]
>>> y_numbers = [2, 4, 6]
```

下面开始绘图：

```
>>> from pylab import plot, show
>>> plot (x_numbers, y_numbers)
[<matplotlib.lines.Line2D object at 0x7f83ac60df10>]
```

在第一行中，我们从 pylab 模块导入 plot()和 show()函数，pylab 模块是 matplotlib 包的一部分。接下来，在第二行我们调用了 plot()函数。plot()函数的第一个参数是要在 x 轴上绘制的数字的相应列表，第二个参数是要在 y 轴上绘制的数字的相应列表。plot()函数返回一个对象，更确切地说是返回一个包含对象的列表。此对象包含有关我们要求 Python 创建的图形的信息。在这个阶段，你可以向图形添加更多信息，例如标题，也可以直接显示图形。现在我们只显示图形。

plot()函数仅可以创建图形。要实际显示图形，我们必须调用 show()函数：

```
>>> show()
```

你可以在 matplotlib 窗口中看到图了，如图 2-3 所示（在不同的操作系统下，显示窗口可能会有所不同，但图形应该相同）。

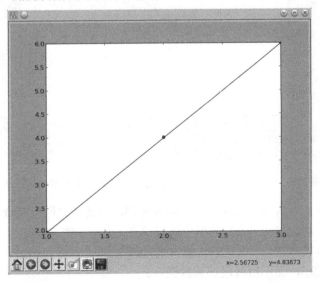

图 2-3 通过点（1，2）、（2，4）和（3，6）的直线图形

注意，图形不是从原点（0，0）开始的，x 轴从数字 1 开始，y 轴从数字 2 开始，这两个数字分别是两个列表中的最小数字。此外，你可以看到每个轴上刻度的增量（例如 y 轴上的 2.5、3.0、3.5 等）。在 2.3.4 节中，我们将学习如何控制图形的这些内容，以及如何添加轴标签和图形标题。

在交互式 shell 中你会注意到，在关闭 matplotlib 窗口之前，你不能再输入任何其他语句。关闭图形窗口，以便可以继续编程。

2.3.1 图上的标记

如果你希望在图形上标出相应的点，则可以在调用 plot() 函数时通过使用其他关键字参数实现：

```
>>> plot (x_numbers, y_numbers, marker ='o')
```

通过输入 marker ='o'，我们告诉 Python 对列表中的每个点标记一个看起来像 o 的小圆点。再次输入 show() 后，你将看到每个点都用一个圆点标记（见图 2-4）。

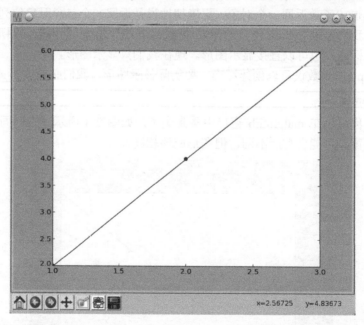

图 2-4　通过点（1，2）、（2，4）和（3，6）的直线与用圆点标记了的点的图形

图中点（2，4）上的标记很容易看到，而其他的标记隐藏在图形的角落。你可以从多个标记（marker）选项中进行选择，如'o'、'*'、'x'和'+'。使用 marker = 包含用直线连接数据点（这是默认的），你也可以通过省略 marker =来创建仅标记你指定的点的图形，而不用线段连接数据点。

```
>>> plot (x_numbers, y_numbers, 'o')
```

```
[<matplotlib.lines.Line2D object at 0x7f2549bc0bd0>]
```

在这里，'o'表示每个点都应该标记出来，但连接各点的线不需要绘制。调用show()函数来显示图形，如图 2-5 所示。

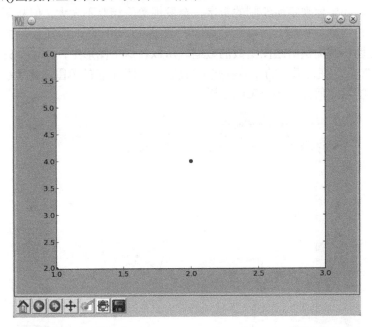

图 2-5 显示点（1，2）、（2，4）和（3，6）的图形

你可以看到，现在只有点显示在图形上，没有线连接它们。和之前的图形一样，第一点和最后一点几乎看不到，下面我们很快会学到如何调整它。

2.3.2 绘制纽约市的年平均气温

我们来看一组稍大点儿的数据集，以便探索 matplotlib 的更多功能。2000 年至 2012 年间，纽约市年平均气温如下（单位为华氏度）：53.9，56.3，56.4，53.4，54.5，55.8，56.8，55.0，55.3，54.0，56.7，56.4，57.3（这些气温是在中央公园测量得到的）。现在它们看起来就是一组随机无规律的数字，但是我们可以在图上绘制这一组温度值，使各年的平均气温的升降情况更加清楚地展示出来：

```
>>> nyc_temp = [53.9,56.3,56.4,53.4,54.5,55.8,56.8,55.0,55.3,54.0,56.7,56.4,57.3]
>>> plot (nyc_temp, marker ='o')
[<matplotlib.lines.Line2D object at 0x7f2549d52f90>]
```

我们将平均温度存储在名为 nyc_temp 的列表中。然后，我们通过只传递这个列表（和标记字符串）来调用 plot()函数。当你在单个列表中使用 plot()时，这些数字将自动绘制在 y 轴上。x 轴上的相应值由列表中每个值的对应位置填充。也就是说，第一个温度值 53.9，由于它位于列表的位置 0，因此对应的 x 轴上的数字为 0

（记住列表位置从 0 开始计数，而不是 1）。最终在 x 轴上绘制的数字是从 0 到 12 的整数，我们可以将这些数字视为 2000 年至 2012 年这 13 个年份。

输入 show() 函数来显示图形，如图 2-6 所示，图中显示了平均气温逐年的升降情况。如果你观察所绘制的数字，会发现数值相距不太大，但从图上看起来数据波动却相当剧烈。怎么回事呢？原因在于 matplotlib 自动选择 y 轴的范围，使得图形能足以包含提供给绘图函数的数据。所以在这个图形中，y 轴从 53.0 开始，最高值是 57.5，这使得微小的差异看起来被放大，因为 y 轴的范围如此之小。我们将在 2.3.4 节中学习如何控制各个轴的范围。

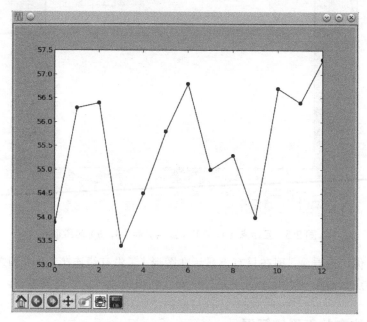

图 2-6　纽约市 2000 年至 2012 年年平均气温图

你还可以看到 y 轴上的数字是浮点数（因为这是我们要求绘制的），而 x 轴上的数字是整数。matplotlib 均能处理这两种类型的数字。

在不显示相应年份的情况下绘制温度图是一种快速而简单的方法，可以从图中直观地看到年份之间温度的变化。但是，如果你打算将此图呈现给别人看，那么你可能希望显示每个温度对应的具体年份，这样会更加清楚。我们可以通过创建另外一个包含年份的列表，然后调用 plot() 函数来轻松地做到这一点：

```
>>> nyc_temp = [53.9,56.3,56.4,53.4,54.5,55.8,56.8,55.0,55.3,54.0,56.7,56.4,57.3]
>>> years=range (2000, 2013)
>>> plot (years, nyc_temp, marker ='o')
[<matplotlib.lines.Line2D object at 0x7f2549a616d0>]
>>> show()
```

这里使用了我们在第 1 章中学到的 range() 函数来定义 2000 年至 2012 年。现在，

你将看到在 x 轴上显示的年份（见图 2-7）。

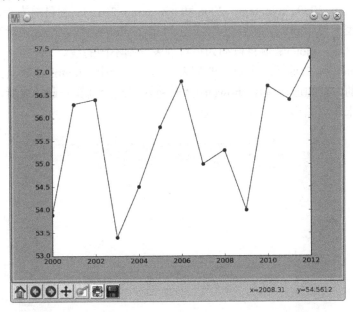

图 2-7　纽约市年平均气温图，x 轴上显示了年份

2.3.3　比较纽约市的月平均气温

仍然观察纽约市的数据，让我们看看过去几年每月的平均温度是如何变化的，这将使我们有机会了解如何在单个图形上绘制多根线条。我们将选择其中三年：2000 年、2006 年和 2012 年。我们将绘制这三个年份中 12 个月的平均气温。

首先，我们需要创建三个列表来存储温度（华氏），每个列表将由 12 个数字组成，每个数字对应于每年 1 月至 12 月的平均气温：

```
>>> nyc_temp_2000 = [31.3,37.3,47.2,51.0,63.5,71.3,72.3,72.7,66.0,57.0,45.3,31.1]
>>> nyc_temp_2006 = [40.9,35.7,43.1,55.7,63.1,71.0,77.9, 75.8,66.6,56.2,51.9,43.6]
>>> nyc_temp_2012 = [37.3,40.9,50.9,54.8,65.1,71.0,78.8,76.7,68.8,58.0,43.9,41.5]
```

第一个列表对应 2000 年，后两个列表分别对应 2006 年和 2012 年。我们可以用三个不同的图形绘制这三组数据，但这并不能容易地看出三年数据的对比情况。试试看！

最直观地比较这些温度的方法是在单个图形上同时绘制三个数据集，如下所示：

```
>>> months = range (1, 12)
>>> plot (months, nyc_temp_2000, months, nyc_temp_2006, months, nyc_temp_2012)
[<matplotlib.lines.Line2D object at 0x7f2549c1f0d0>, <matplotlib.lines.Line2D object at
0x7f2549a61150>, <matplotlib.lines.Line2D object at 0x7f2549c1b550> ]
```

首先，我们创建一个列表（months），使用 range()函数将数字 1 到 12 存储于该列表中。接下来，我们调用 plot()函数，将三对列表作为参数，每对列表都包括要在 x 轴上绘制的月份 months，以及要在 y 轴上绘制的月平均温度 nyc-temp（分别为 nyc_temp_2000、nyc_temp_2006 和 nyc_temp_2012）。到目前为止，我们一次只在一对列表上使用 plot()函数，但实际上可以在 plot()函数中输入多对列表，每个列表用逗号分隔，plot()函数将自动为每对列表绘制不同的线。

plot()函数返回三个对象的列表，而不是一个。matplotlib 认为这三条线是彼此不同的，它知道在调用 show()函数时将这些线绘制在一起。最后，我们调用 show()函数来显示图形，如图 2-8 所示。

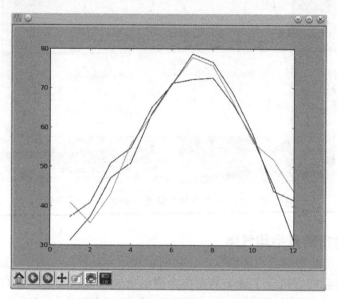

图 2-8　2000 年、2006 年和 2012 年纽约市月平均气温图

现在这个图形上有三条线，Python 自动为每一条线选择不同的颜色，以表明这些线是根据不同的数据集绘制的（黑白印刷为灰色）。

我们也可以分三次对每对列表调用 plot()函数，而不是同时对这些列表调用 plot()函数：

```
>>> plot (months, nyc_temp_2000)
[<matplotlib.lines.Line2D object at 0x7f1e51351810>]
>>> plot (months, nyc_temp_2006)
[<matplotlib.lines.Line2D object at 0x7f1e5ae8e390>]
>>> plot (months, nyc_temp_2012 )
[<matplotlib.lines.Line2D object at 0x7f1e5136ccd0>]
>>> show()
```

matplotlib 会记住尚未显示的图形。因此，只要我们调用 plot()函数三次后再调用 show()函数，这些线都将显示在同一个图形上。

然而，这里有一个问题，即我们不知道哪种颜色对应哪一年。为了解决这个问题，可以使用 legend()函数，它可以为图形添加一个图例（legend）。一个图例是一个小的显示框，用于标识图形的不同部分的含义。在这里，我们将使用一个图例来表示三条彩色线代表的年份。要添加图例，首先调用 plot() 函数：

```
>>> plot (months, nyc_temp_2000, months, nyc_temp_2006, months, nyc_temp_2012)
[<matplotlib.lines.Line2D object at 0x7f2549d6c410>, <matplotlib.lines.Line2D object at
0x7f2549d6c9d0>, <matplotlib.lines.Line2D object at 0x7f2549a86850> ]
```

然后，从 pylab 模块那里导入 legend() 函数，并按如下方式进行调用：

```
>>> from pylab import legend
>>> legend([2000, 2006, 2012])
<matplotlib.legend.Legend object at 0x7f2549d79410>
```

我们调用 legend() 函数，将标识图形上每条线的标签列表作为参数。这些标签按一定顺序输入，以匹配在 plot() 函数中输入的列表对的顺序。也就是说，2000 是我们在 plot() 函数中输入的第一对绘图的标签，2006 对应第二对，2012 对应第三对。还可以为 legend() 函数指定第二个参数，该参数将定义图例的位置。默认情况下，图例总是位于图形的右上角。但是，你可以指定特定的位置，例如"lower center（中下）""center left（左中）"和"upper left（左上）"。或者你可以将位置设置为"最佳（best）"，那么图例将被设置到不影响图形展示的位置。

最后，我们调用 show() 函数来显示图形：

```
>>> show()
```

如图 2-9 所示，右上角有一个图例框，它告诉我们图中的三条线分别对应了哪一年的月平均气温。

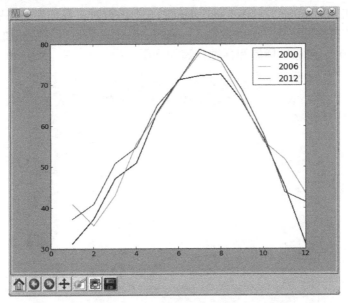

图 2-9　纽约市月平均气温图，图例显示了每种颜色对应的年份

从图 2-9 中可以得出两个有趣的事实：三年来最高的温度都出现在 7 月左右（对

应于 x 轴上的 7），从 2000 年开始一直在上升，在 2000 年到 2006 年之间上升的幅度更大。将三条线绘制在同一个图中，可以更容易地看出这些关系，这肯定比仅仅看几个长长的数字列表，比在三个单独的图形上绘制三条线更清楚。

2.3.4 自定义图形

我们已经学习了通过添加一个图例来自定义图形的方式。现在，我们将了解其他自定义图形的方法，通过向 x 轴和 y 轴添加标签、在图形中添加标题，以及控制坐标轴的范围和步长来使图形更加清晰。

（1）添加标题和标签。

我们可以使用 title() 函数为图形添加标题，并使用 xlabel() 和 ylabel() 函数为 x 轴和 y 轴添加标签。让我们重新创建图 2-9，并将这些附加信息添加到图形中：

```
>>> from pylab import plot, show, title, xlabel, ylabel, legend
>>> plot (months, nyc_temp_2000, months, nyc_temp_2006, months, nyc_temp_2012)
[<matplotlib.lines.Line2D object at 0x7f2549a9e210>, <matplotlib.lines.Line2D object at
0x7f2549a4be90>, <matplotlib.lines.Line2D object at 0x7f2549a82090> ]
>>> title ('Average monthly temperature in NYC')
<matplotlib.text.Text object at 0x7f25499f7150>
>>> xlabel ('Month')
<matplotlib.text.Text object at 0x7f2549d79210>
>>> ylabel ('Temperature')
<matplotlib.text.Text object at 0x7f2549b8b2d0>
>>> legend ([2000, 2006, 2012])
<matplotlib.legend.Legend object at 0x7f2549a82910>
```

在调用 title()、xlabel() 和 ylabel() 三个函数时，我们希望在图形上显示的文字都以字符串的形式作为参数输入。调用 show() 函数后得到新添加信息后的图形（见图 2-10），坐标轴标签和标题已添加到图形中。

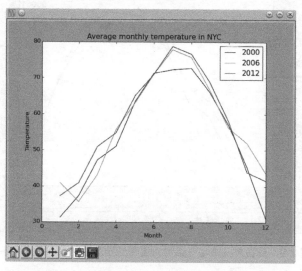

图 2-10 坐标轴标签和标题已添加到图形中

添加了这三条新信息后，图形变得更容易理解了。

（2）自定义坐标轴。

到目前为止，我们看到的是，基于提供给 plot()函数的数据，Python 自动确定两个坐标轴上的数字。这在大多数情况下是可以的，但有时这种自动确定的范围并不是最理想的呈现数据的方式，在图 2-7 中，我们绘制了纽约市的年平均温度，但是因为自动选择的 y 轴范围非常窄，即使微小的温度变化看起来变化幅度也很大。我们可以使用 axis()函数调整坐标轴的数值区间（此函数可用于获取当前范围以及为坐标轴设置新的数值区间）。

再次考虑 2000 年至 2012 年纽约市的年平均气温，并绘制前面完成过的图形。

```
>>> nyc_temp = [53.9,56.3,56.4,53.4,54.5,55.8,56.8,55.0,55.3,54.0,56.7,56.4,57.3]
>>> plot (nyc_temp, marker ='o')
[<matplotlib.lines.Line2D object at 0x7f3ae5b767d0>]
```

现在，导入 axis()函数并调用它：

```
>>> from pylab import axis
>>> axis()
 (0.0,12.0,53.0,57.5)
```

该函数返回一个元组，其中有 4 个数字对应于 x 轴（0.0，12.0）和 y 轴（53.0，57.5）的范围。这些数值与我们之前制作的图形中的范围值相同。现在，让我们将 y 轴从 0 而不是从 53.0 开始：

```
>>> axis(ymin = 0)
(0.0,12.0,0,57.5)
```

用 y 轴的新起始值（由 ymin = 0 指定）调用 axis()函数会更改坐标轴的取值范围，返回的元组确认了这一点。调用 show()函数显示图形，可以发现 y 轴是从 0 开始的，连续年份的温度值之间的差异看起来不那么大了（见图 2-11）。

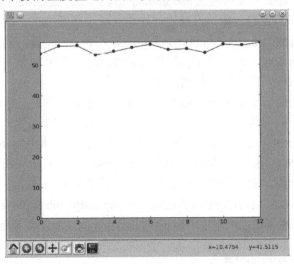

图 2-11　纽约市 2000 年至 2012 年年平均气温图。y 轴已自定义为从 0 开始

类似地，可以使用 xmin、xmax 和 ymax 分别设置 x 轴的最小值、最大值，以及 y 轴的最大值。如果你希望更改 xmin、xmax、ymin、ymax 这 4 个值，你可能会发现，直接将这 4 个值作为列表输入，调用 axis()函数更加容易，例如 axis（[0，10，0，20]）。这个操作将 x 轴的范围设置为（0,10），同时将 y 轴的范围设置为（0,20）。

（3）使用 pyplot 绘图。

pylab 模块可用于在交互式 shell 中创建绘图，例如 IDLE shell，就像我们一直做的那样。然而，当不在 IDLE shell 中调用 matplotlib 时，例如对于一个大型程序的部分绘图代码，pyplot 模块将更有效率。不要担心，使用 pylplot 的所有方法与你学习到的 pylab 都是一样的。

以下程序使用 pyplot 模块重新创建本章中的第一个图形：

```
'''
Simple plot using pyplot
'''
❶ import matplotlib.pyplot

❷ def create_graph():
    x_numbers = [1, 2, 3]
    y_numbers = [2, 4, 6]

    matplotlib.pyplot.plot (x_numbers, y_numbers)
    matplotlib.pyplot.show()

if__name__ =='__main__':
    create_graph()
```

首先，我们在❶处使用 import matplotlib.pyplot 语句导入 pyplot 模块，这意味着我们正在从 matplotlib 包那里导入整个 pyplot 模块。要引用此模块中定义的任何函数或类定义，你必须使用语法 matplotlib.pyplot.item，其中 item 是要使用的函数或类。

这不同于我们之前学习过的一次导入单个函数或类。例如，在第一章中，我们通过语句 from fractions import Fraction 导入 Fraction 类。当你要使用 fractions 模块中的多个函数时，导入整个模块很有必要。相比于单独导入，我们一次性导入整个模块，以方便在需要时直接引用相应的函数。

在❷处的 create_graph()函数中，我们创建了要在图上绘制的两个数字列表，然后将这两个列表传递给 plot()函数，与使用 pylab 的方法相同。然而，这一次，我们调用 matplotlib.pyplot.plot()函数，这意味着我们正在调用 matplotlib 包的 pyplot 模块中定义的 plot()函数。然后，我们调用 show()函数来显示图形。绘图方法与我们之前所做的一样，唯一的区别在于调用这些函数的机制。

为了简化代码，我们可以通过输入 import matplotlib.pyplot as plt 来导入 pyplot 模块。然后，我们可以在程序中使用标签 plt 指代 pyplot，而不必总是输入 matplotlib.pyplot：

```
'''
Simple plot using pyplot
'''
```

```
import matplotlib.pyplot as plt

def create_graph():
    x_numbers = [1, 2, 3]
    y_numbers = [2, 4, 6]
    plt.plot(x_numbers, y_numbers)
    plt.show()

if __name__ == '__main__':
    create_graph()
```

现在，我们可以使用缩短的 plt 来代替 matplotlib.pyplot 调用函数。

在本章和本书的其余部分，我们将在交互式 shell 中使用 pylab，否则使用 pyplot。

2.3.5 保存图形

如果需要保存图形，可以使用 savefig()函数。此函数将图形保存为图像文件，你可以在报告或演示文稿中使用。你可以选择多种图像格式，包括 PNG、PDF 和 SVG。

下面是一个例子：

```
>>> from pylab import plot, savefig
>>> x = [1, 2, 3]
>>> y = [2,4,6]
>>> plot(x, y)
>>> savefig('mygraph.png')
```

该程序将图形保存到当前目录的图像文件中（文件名为 mygraph.png）。在 Windows 系统中，通常保存到 C:\Python33（安装 Python 的地方）。在 Linux 系统中，当前目录通常是你的主目录（/ home / <username>），其中<username>是你登录的用户。在 Mac 上，IDLE 默认将文件保存到~/ Documents。如果要将文件保存在不同的目录下，请指定完整的路径名。例如，要把图形以 mygraph.png 的名字保存在 Windows 中的路径 C:\下，可以这样调用 savefig()函数：

```
>>> savefig('C:\mygraph.png')
```

如果在图像浏览程序中打开文件，你将看到和调用 show()函数一样的图形（你会注意到打开的文件只包含图形，而不是像调用 show()函数那样弹出整个窗口）。要指定不同的图像格式，只需使用相应的扩展名命名文件。例如，mygraph.svg 将创建一个 SVG 图像文件。

保存图形的另一种方法是在调用 show()时使用弹出窗口中的 Save（保存）按钮。

2.4 用公式绘图

到目前为止，我们已经学会了如何对科学观测数据进行绘图。在这些图形中，我们已经列出了 x 和 y 的所有值。例如，当要创建展示纽约市温度随月份或年度的变化情况的图形时，我们已经获得了当时记录的温度和日期。在本节中，我们将使用数学公式来创建图形。

2.4.1 牛顿万有引力定律

根据牛顿万有引力定律，质量 m_1 的物体吸引另一个质量 m_2 物体的力 F，根据以下公式计算：

$$F = \frac{Gm_1m_2}{r^2}$$

其中，r 是两个物体之间的距离，G 是引力常数。我们想观察当两个物体之间的距离增加时，力会如何变化。

考虑两个物体：第一个物体的质量（m_1）是 0.5kg，第二个物体的质量（m_2）为 1.5kg。重力常数值为 $6.674×10^{-11}Nm^2kg^{-2}$。现在我们准备计算这两个物体之间 19 种不同距离的引力：100 m、150 m、200 m、250 m、300 m，依此类推，直到 1000 m。以下程序可以执行这些计算，并绘制图形：

```
'''
The relationship between gravitational force and
distance between two bodies
'''

import matplotlib.pyplot as plt

# Draw the graph
def draw_graph(x, y):
    plt.plot(x, y, marker='o')
    plt.xlabel('Distance in meters')
    plt.ylabel('Gravitational force in newtons')
    plt.title('Gravitational force and distance')
    plt.show()

def generate_F_r():
    # Generate values for r
❶  r = range(100, 1001, 50)
    # Empty list to store the calculated values of F
    F = []

    # Constant, G
    G = 6.674*(10**-11)
    # Two masses
    m1 = 0.5
    m2 = 1.5

    # Calculate force and add it to the list, F
❷  for dist in r:
        force = G*(m1*m2)/(dist**2)
        F.append(force)

    # Call the draw_graph function
❸  draw_graph(r, F)

if __name__=='__main__':
    generate_F_r()
```

generate_F_r()函数完成整个程序的大部分工作。在❶处，我们使用 range()函数创建一个标签为 r 的列表，列表中包含不同的距离值，这里的步长值为 50，最终值为 1001，因为我们希望包含 1000。然后，我们创建一个空列表（F），存储每一个距离值对应的重力。接下来，我们创建引力常数（G）和两个质量（m_1 和 m_2）的标签。在❷处，使用 for 循环计算距离列表（r）中每个值对应的引力。我们使用一个标签（force）来指代计算的引力并将其附加到列表（F）中。最后，在❸处我们以距离列表和计算出的引力列表为参数，调用 draw_graph()函数。图 2-12 显示了引力与平方距离的关系，其中 x 轴代表距离，y 轴代表引力。

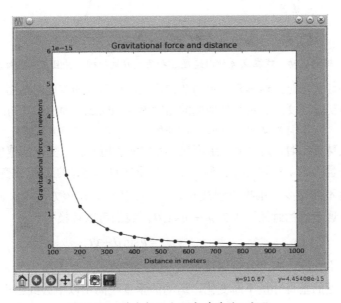

图 2-12　引力与平方距离关系的可视化

由图可知，随着距离（r）的增加，引力减小。有了这种关系，我们说引力与两个物体之间的距离成反比。另外，请注意，当其中一个变量的值发生变化时，另一个变量的值不一定按照相同的比例进行变化，我们称这样的关系为非线性关系。因此，我们最终在图形上得到了一条曲线，而不是一条直线。

2.4.2　抛物运动

现在，让我们绘制一些日常生活中你所熟悉的图形。如果你把一个球扔过一个场地，它将遵循如图 2-13 所示的轨迹。

图中，球从点 A 被抛出并在点 B 处落地，这种类型的运动称为抛物运动。我们的目标是使用抛物运动的方程来绘制物体的轨迹，显示球从投掷点开始直到再次击中地面的位置。

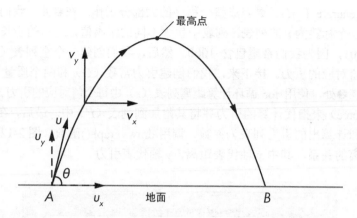

图 2-13 球的运动。球在点 A 处以速度 u 和角度 θ 被投掷，并且在点 B 处撞击地面

当你扔球时，球具有一定的初始速度，该速度的方向与地面形成了一定的角度，我们称初始速度为 u 及其与地面的角度为 θ（theta），如图 2-13 所示。球具有两个速度分量：一个沿 x 方向，由 $u_x = u\cos\theta$ 计算；另一个沿 y 方向，由 $u_y = u\sin\theta$ 计算。

当球移动时，其速度发生变化，我们将使用 v 表示变化的速度：水平分量为 v_x，垂直分量为 v_y。简单起见，假设水平分量在物体运动期间不改变，而垂直分量由于重力而不断减少，根据方程式 $v_y = u_y - gt$ 计算。在该方程中，g 是重力加速度，t 是测量速度时的时间。因为 $u_y = u\sin\theta$，我们可以替换得到：

$$v_y = u\sin\theta - gt$$

由于速度的水平分量保持不变，因此物体的水平距离（S_x）由 $S_x = u(\cos\theta)t$ 给出。速度的垂直分量不断变化，运动的垂直距离由以下公式给出：

$$s_y = u(\sin\theta)t - \frac{1}{2}gt^2$$

换句话说，S_x 和 S_y 给出了球在飞行期间任意时间点的 x 和 y 坐标。我们在编写程序绘制轨迹时，将使用这些方程。在我们使用这些方程时，时间（t）单位为 s，速度单位为 m/s，投射角度（θ）以度为单位，重力加速度（g）单位为 m/s^2。

然而，在我们编写程序之前，我们需要先知道球在落地前的飞行时间，以便我们知道程序何时停止，从而绘制球的轨迹。要做到这一点，我们先来看看球达到最高点所需的时间。当速度的垂直分量（v_y）为 0 时，球到达最高点，即 $v_y = u\sin\theta - gt = 0$ 时，我们使用公式求解 t 的值：

$$t = \frac{u\sin\theta}{g}$$

我们称这个时间为 t_{peak}。球在到达最高点后，将在空中飞行另一个 t_{peak} 后击中

地面，所以球的总飞行时间（t_{flight}）为

$$t_{\text{flight}} = 2t_{\text{peak}} = 2 \times \frac{u\sin\theta}{g}$$

让我们投掷一个球，令 u=5m/s，θ=45°，g=9.8m/s^2，为了计算总飞行时间，我们将这些值代入上述方程可得：

$$t_{\text{flight}} = 2 \times \frac{5\sin 45}{9.8}$$

在这种情况下，球的飞行时间为 0.72154s（四舍五入到小数点后五位）。球在这段时间内将处于飞行状态，为了绘制轨迹，我们将计算在这段时间内的 x 坐标和 y 坐标。我们应该多久计算一次坐标？理想情况下，越频繁越好。在本章中，我们将每隔 0.001s 计算一次坐标。

（1）生成间隔相等的浮点数。

我们使用 range()函数来生成等间隔的整数， 也就是说，如果我们想要一个 1 到 10 之间的整数列表，每个整数用 1 分隔，我们将使用 range(1,10)。如果我们想要一个不同的步长值，我们可以给 range()函数指定第三个参数。遗憾的是，对于浮点数来说没有这样的内置函数，即没有什么函数可以让我们创建一个从 0 到 0.72 的数字列表，其中两个连续的数字用 0.001 分隔。我们可以使用 while 循环来创建我们自己的函数，如下所示：

```
'''
Generate equally spaced floating point
numbers between two given values
'''

def frange(start, final, increment):

    numbers = []
❶   while start < final:
❷       numbers.append(start)
        start = start + increment

    return numbers
```

我们定义了一个函数 frange()，它接收三个参数：start 和 final 指定数字范围的起点和终点，increment 指定两个连续数字之间的差。我们在❶处初始化一个 while 循环，只要 start 指代的数字小于 final 的值，它就继续执行。在❷处，我们将 start 指代的数字存储在列表 numbers 中，然后在循环的每次迭代中将 start 指代的数字和 increment 指代的数字相加。最后，返回列表 numbers。

我们将在下面描述的轨迹绘图程序中使用该函数生成相等间隔的时间。

（2）绘制轨迹。

以下程序以一定的速度和角度绘制抛出的球的轨迹，速度和角度都将作为程序的输入：

```
'''
Draw the trajectory of a body in projectile motion
'''

from matplotlib import pyplot as plt
import math

def draw_graph(x, y):
    plt.plot(x, y)
    plt.xlabel('x-coordinate')
    plt.ylabel('y-coordinate')
    plt.title('Projectile motion of a ball')

def frange(start, final, interval):

    numbers = []
    while start < final:
        numbers.append(start)
        start = start + interval

    return numbers

def draw_trajectory(u, theta):
❶   theta = math.radians(theta)
    g = 9.8

    # Time of flight
❷   t_flight = 2*u*math.sin(theta)/g
    # Find time intervals
    intervals = frange(0, t_flight, 0.001)
    # List of x and y coordinates
    x = []
    y = []
❸   for t in intervals:
        x.append(u*math.cos(theta)*t)
        y.append(u*math.sin(theta)*t - 0.5*g*t*t)

    draw_graph(x, y)

if __name__ == '__main__':
❹   try:
        u = float(input('Enter the initial velocity (m/s): '))
        theta = float(input('Enter the angle of projection (degrees): '))
    except ValueError:
        print('You entered an invalid input')
    else:
        draw_trajectory(u, theta)
        plt.show()
```

在这个程序中，我们需要使用标准库 math 模块中定义的 radians()函数、cos()函数和 sin()函数，所以我们在程序开始就导入该模块。draw_trajectory()函数接收两个参数，u 和 theta，分别对应于抛球时的速度和角度。math 模块的正弦函数和余弦函数要求角度为弧度，因此，在❶处我们使用 math.radians()函数将角度（theta）从度转换为弧度。接下来，我们创建一个标签（g）来指代重力加速度的值 9.8m/s²。在❷处计算飞行时间，然后调用 frange()函数，其中 start、final 和 increment 的值分别设置为 0、t_flight 和 0.001。

在❸中，我们计算每个时刻的轨迹的 x 坐标和 y 坐标，并将它们存储在两个单独的列表 x 和 y 中。为了计算这些坐标，我们使用之前讨论的距离 S_x 和 S_y 的公式。

最后，我们调用 draw_graph()函数，以 x 坐标和 y 坐标为参数来绘制轨迹。请注意，draw_graph()函数不调用 show()函数（我们将在下一个程序中了解原因）。我们在❹处使用了 try ... except 程序块，当用户键入无效输入时，将报告错误消息。此程序的有效输入是任何整数或浮点数，当你运行程序时，它会将这些值作为输入，然后绘制轨迹（见图 2-14）：

```
Enter the initial velocity (m/s): 25
Enter the angle of projection (degrees): 60
```

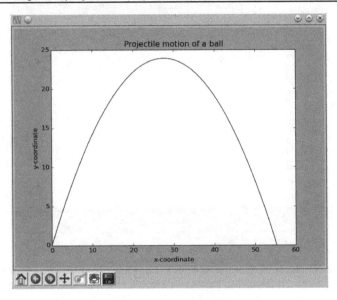

图 2-14 以 u=25m/s、θ=60°投掷时球的轨迹

（3）比较以不同的初始速度投掷时球的轨迹。

上面的程序允许你进行有趣的实验。例如，三个球以不同的速度投掷，但具有相同的初始角度，轨迹将如何？要一次绘制三个轨迹，我们可以用以下的代码替换"（2）绘制轨迹"中程序的 main 代码块：

```
if __name__ == '__main__':

    # List of three different initial velocities
❶   u_list = [20, 40, 60]
    theta = 45
    for u in u_list:
        draw_trajectory(u, theta)

    # Add a legend and show the graph
❷   plt.legend(['20', '40', '60'])
    plt.show()
```

这里，我们不要求用户输入速度和抛射角度，而是在❶处创建速度为 20、40 和 60 的列表（u_list），并将抛射角度（使用标签 theta 表示）设置为 45 度。然后我们对在 u_list 中的三个值以及共同的 theta 值调用 draw_trajectory() 函数，计算 x 坐标和 y 坐标的列表，并调用 draw_graph() 函数。当我们调用 show() 函数时，这三条曲线将显示在同一个图形上。因为现在我们的图形包含多条曲线，所以在调用 show() 函数之前，在❷处我们添加一个图例来显示每条曲线对应的速度。当你运行上述程序时，你将看到图 2-15 所示的图形。

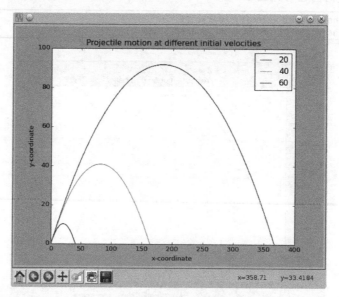

图 2-15　以 60 度角抛射的球的轨迹（u=20m/s，u=40m/s，u= 60m/s）

2.5　本章内容小结

在本章中，你学习了使用 matplotlib 创建图形的基础知识。你看到了如何绘制一组值，如何在同一个图形上创建多个绘图，以及如何标记图形的各个部分，使其传达更多信息。你用图形分析了一个城市的温度变化，研究了牛顿万有引力定律以及一个物体的抛射运动。在下一章中，你将开始使用 Python 探索统计数据，看到绘制图形如何有助于使数集之间的关系更容易理解。

2.6　编程挑战

以下是基于你在本章中学到的知识而提出的一些挑战问题，你可以在 http://www.nostarch.com/domathwithpython/ 找到示例的解决方案。

1：温度如何变化

如果你在 Google 搜索引擎中输入"纽约天气"等搜索字词，你将看到显示当前不同时刻的温度的图形。你的任务是重新创建这样的图。

选择一个城市，找到这个城市一天中不同时刻的温度。在程序中使用数据创建两个列表，并创建一个图形，图形的 x 轴表示时间，y 轴表示温度。这个图形应该告诉你温度如何随着时间的变化而变化。尝试一个不同的城市，将两个城市的数据用两条曲线在同一个图形上绘制并进行比较。

一天中的时间可以用字符串来表示，例如'10:11 AM'或'09:21 PM'.

2：探索二次函数的可视化

在第 1 章中，你学习了如何求解二次方程的根，例如 $x^2 + 2x + 1 = 0$，我们可以变换一下形式，将这个方程写为 $y = x^2 + 2x + 1$，即将该方程转换为二次函数。对于 x 的任何值，可以通过二次函数计算 y 的值。例如，当 $x = 1$ 时，$y = 4$。这里有一个程序，计算 6 个不同的 x 值对应的 y 值：

```
'''
Quadratic function calculator
'''

# Assume values of x
❶ x_values = [-1, 1, 2, 3, 4, 5]
❷ for x in x_values:
    # Calculate the value of the quadratic function
    y = x**2 + 2*x + 1
    print('x={0} y={1}'.format(x, y))
```

在❶处，我们为 x 创建一个包含 6 个不同值的列表。在❷处 for 循环开始计算 x 取这 6 个值时函数的值，并使用标签 y 来指代结果。接下来，我们输出 x 的值和相应的 y 值。运行程序时，应该会看到以下输出：

```
x = -1 y = 0
x = 1 y = 4
x = 2 y = 9
x = 3 y = 16
x = 4 y = 25
x = 5 y = 36
```

请注意，输出的第一行的 x 值是二次方程的根，因为它是使函数为 0 的 x 值。

你的编程挑战是增强此程序的功能，使其能创建上述函数的图形。尝试使用至少 10 个 x 值而不是上述的 6 个。使用该函数计算相应的 y 值，然后使用这两组值（x 值和 y 值）创建一个图形。

图形创建完成后，花一些时间分析 y 的值如何随 x 变化？变化是线性的还是非线性的？

#3：增强型抛物轨迹比较程序

你的挑战是通过几种方式增强抛物轨迹比较程序的功能。首先，你的程序应输出每个抛射速度和角度组合下的飞行时间、最大水平距离和最大垂直距离。

另一个增强是使程序可以处理用户输入的任何数量的初始速度和抛射角度值。例如，程序应该询问用户输入：

```
How many trajectories? 3
Enter the initial velocity for trajectory 1 (m/s): 45
Enter the angle of projection for trajectory 1 (degrees): 45
Enter the initial velocity for trajectory 2 (m/s): 60
Enter the angle of projection for trajectory 2 (degrees): 45
Enter the initial velocity for trajectory(m/s) 3: 45
Enter the angle of projection for trajectory(degrees) 3: 90
```

你的程序还应使用 try ... except，以确保对错误输入进行恰当处理，就像原始程序一样。

#4：可视化你的支出

我总是在月底问自己："我的钱都去哪儿了？"我相信这不是我一个人面对的问题。对于这个问题，请编写一个程序，创建一个条形图，用于比较你每周的支出。该程序应首先询问每个支出的类别和每周该类的总支出，然后创建一个条形图显示这些支出。

以下是该程序如何工作的运行示例：

```
Enter the number of categories: 4
Enter category: Food
Expenditure: 70
Enter category: Transportation
Expenditure: 35
Enter category: Entertainment
Expenditure: 30
Enter category: Phone/Internet
Expenditure: 30
```

图 2-16 显示了用于比较这些支出的条形图。如果你每周将条形图保存下来，在月底，你可以看到不同类别的支出在每个星期是如何变化的。

我们还没有讨论使用 matplotlib 创建条形图，让我们尝试一个例子。

可以使用 matplotlib 的 barh()函数创建条形图，这一函数在 pyplot 模块中也有定义。图 2-17 显示了一个条形图，说明了我在过去一周内走过的步数。一周中的星期日、星期一、星期二等作为 y 轴的标签。每个水平条从 y 轴开始，我们必须指定每个水平条位置中心的 y 坐标。每个条的长度对应于特定的步数。

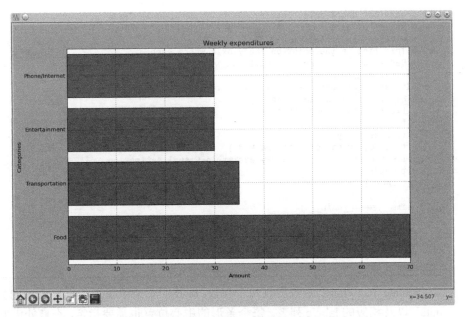

图 2-16 一周中每个类别支出的条形图

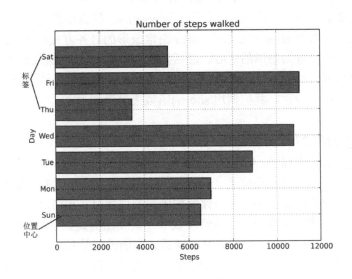

图 2-17 一周内步数的条形图

以下程序可以创建条形图：

```
'''
Example of drawing a horizontal bar chart
'''

import matplotlib.pyplot as plt
```

```
def create_bar_chart(data, labels):
    # Number of bars
    num_bars = len(data)
    # This list is the point on the y-axis where each
    # Bar is centered. Here it will be [1, 2, 3...]
❶   positions = range(1, num_bars+1)
❷   plt.barh(positions, data, align='center')
    # Set the label of each bar
    plt.yticks(positions, labels)
    plt.xlabel('Steps')
    plt.ylabel('Day')
    plt.title('Number of steps walked')
    # Turns on the grid which may assist in visual estimation
    plt.grid(
    plt.show()

if __name__ == '__main__':
    # Number of steps I walked during the past week
    steps = [6534, 7000, 8900, 10786, 3467, 11045, 5095]
    # Corresponding days
    labels = ['Sun', 'Mon', 'Tue', 'Wed', 'Thu', 'Fri', 'Sat']
    create_bar_chart(steps, labels)
```

create_bar_chart()函数接收两个参数，即我们希望以条形和标签表示的数字列表 data，以及相应的 labels 列表。每个条形的中心位置也需要指定，在❶处借助 range() 函数的特性，将中心指定为 1、2、3、4 等。

在❷处，我们调用 barh()函数，将 positions 和 data 作为前两个参数传递，然后设置关键字参数 align ='center'. align 指定条形的对齐方式，此处是以 positions 定义的 y 轴上的位置为条形的中心。然后，我们使用 yticks()函数设置每个条形的标签、坐标轴标签和标题。我们还调用 grid()函数来打开网格，这对于可视化估计步数可能是有用的。最后，我们调用 show()函数来展示图形。

#5：探索斐波那契序列与黄金比例

斐波那契序列（1,1,2,3,5,…）是一系列数字，该系列中的第 i（$i \geqslant 3$）个数是前两个数字之和，也就是位置（$i-2$）和（$i-1$）上的数字之和。这个序列中的连续数字显示了一个有趣的关系。当你增加序列的项数时，相邻两项的比值几乎相等。该值接近一个被称为黄金比例的特殊数字。黄金比例是数字 1.618033988…，已经成为音乐、建筑和自然界广泛研究的课题。你的挑战是写一个程序用图形绘制连续的斐波那契数之间的比例，例如 100 个，以证明这些比值接近黄金比例。

以下函数会返回前 n 个斐波那契数的列表，这个函数会帮助你完成这个挑战：

```
def fibo(n):
    if n == 1:
        return [1]
    if n == 2:
        return [1, 1]
    # n > 2
    a= 1
    b= 1
```

```
# First two members of the series
series = [a, b]
for i in range(n):
    c = a + b
    series.append(c)
    a = b
    b = c

return series
```

最终的输出应该是下面的曲线，如图 2-18 所示。

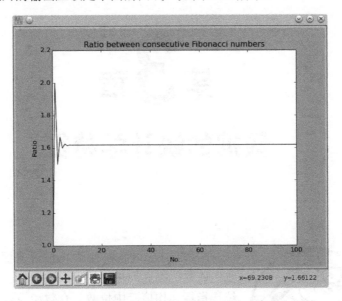

图 2-18　连续斐波那契数之间的比例接近黄金比例

第**3**章

数据的统计学特征

在本章中，我们将使用 Python 来探索统计数据，以便我们研究、描述和更好地理解数据集。在学习了一些基本统计指标（均值、中位数、众数和极差）之后，我们会继续学习一些更高级的指标，例如方差和标准差。然后，我们将学习如何计算相关系数，它能够量化两组数据之间的关系。我们将通过学习散点图来结束本章。这一过程中，我们将进一步了解 Python 语言和标准库模块。让我们从一个最常用的统计指标开始——均值。

注：在统计中，总体数据或抽样数据的计算方法略有不同。简单起见，我们在本章中以总体数据的计算方法为准。

3.1　计算均值

均值（mean）是总结一组数字的一种常见而直观的方法，我们可以简单地将其理解为日常生活中使用的"平均数"这一概念，不过后续我们将学习的，还有其他类型的平均数。现在，取一组数字作为样本并计算均值。

假设有一个学校慈善机构在过去 12 天内接受了捐款（我们将此称为 A 时期）。在这一期间，以下 12 个数字代表了每天收到的捐款总额：100，60，70，900，100，200，500，500，503，600，1000，1200。我们可以通过计算总和，再将总和除以天数得到均值。这里，数字的总和是 5733。如果我们将这个数字除以 12（天数），得到 477.75，这就是每天的平均捐款，这个数字让我们大致了解在这 12 天中的任何一天平均捐赠了多少钱。

稍后，我们将编写一个程序，用于计算和输出一组数字的均值。正如我们刚刚看到的，为了计算均值，需要用数字列表的总和除以列表中的项数。我们来看两个 Python 函数 sum() 和 len()，它们使这两个运算变得非常简单。

当你对数字列表使用 sum() 函数时，它会将列表中的所有数字相加并返回结果：

```
>>> shortlist = [1, 2, 3]
>>> sum(shortlist)
6
```

我们可以使用 len() 函数输出一个列表的长度：

```
>>> len(shortlist)
3
```

当我们在列表中使用 len() 函数时，结果会返回 3，因为 shortlist 列表中有三项。现在我们准备编写一个程序来计算前面的数字列表（捐赠列表）的均值。

```
'''
Calculating the mean
'''

def calculate_mean(numbers):
❶    s = sum(numbers)
❷    N = len(numbers)
     # Calculate the mean
❸    mean = s/N

     return mean

if __name__ == '__main__':
❹    donations = [100, 60, 70, 900, 100, 200, 500, 500, 503, 600, 1000, 1200]
❺    mean = calculate_mean(donations)
     N = len(donations)
❻    print('Mean donation over the last {0} days is {1}'.format(N, mean))
```

首先，我们定义一个函数 calculate_mean()，它接收参数 numbers（numbers 是一个数字列表）。在❶处，我们使用 sum() 函数将列表中的数字相加，并创建一个标签 s 来指代总和。类似地，在❷处，我们使用 len() 函数来获取列表的长度，并创建一个标签 N 来指代它。然后，正如你在❸处看到的，我们通过简单地将总和（s）除以项数（N）来计算均值。在❹处，我们创建一个 donations 列表，包含前面列出的捐款额数据。然后我们在❺处调用 calculate_mean() 函数，将 donations 列表作为参数传递。最后，我们在❻处输出计算出的均值。

运行程序时，你将看到以下内容：

```
Mean donation over the last 12 days is 477.75
```

由于 calculate_mean() 函数可以将计算任何列表的总和以及长度，因此我们也可以用它来计算其他数字集合的均值。

我们计算出每天的平均捐款是 477.75。值得注意的是，最初几天的捐款远远低于我们计算的平均捐款，而后面几天的捐款要高得多。这个均值为我们提供了一个总结数据的方法，但还没有给出更全面的信息。然而，与均值相比，还有其他统计量可以告诉我们更多关于数据的信息。

3.2 计算中位数

一组数字的中位数（median）是另一种类型的平均数。要计算中位数，我们对数字进行升序排列。如果数字列表的长度是奇数，则列表中间的数字是中位数；如果数字列表的长度是偶数，我们通过取两个中间数的均值来获得中位数。下面我们计算之前捐款列表的中位数：100，60，70，900，100，200，500，500，503，600，1000，1200。

对上述数字由小到大排序，排序后的数字列表为 60，70，100，100，200，500，500，503，600，900，1000，1200。列表项数为偶数（12），因此要得到中位数，我们需要取两个中间数字的均值。在这种情况下，中间数字是第六位数字和第七位数字（500 和 500），这两个数字的均值是（500 + 500）/ 2，也是 500。这意味着中位数是 500。

假设我们在第 13 天也接受了捐款，这样列表现在看起来像这样：100，60，70，900，100，200，500，500，503，600，1000，1200，800。我们仍然必须对列表进行排序，分别为 60，70，100，100，200，500，500，503，600，800，900，1000，1200。该列表中有 13 个数字（奇数），所以这个列表的中位数就是中间数字，即第七个数字，也就是 500。

在我们编写程序计算数字列表的中位数之前，让我们考虑一下如何在任何一种情况下自动计算列表的中间元素。如果列表的长度（N）是奇数，则中位数位于（$N+1$）/ 2 的位置。如果 N 是偶数，则两个中间元素分别位于 $N/2$ 和（$N/2$）+ 1 的位置。对于本节的第一个例子，$N = 12$，因此两个中间元素是 12/2（第六）和 12 / 2 + 1（第七）个元素。在第二个例子中，$N = 13$，因此（$N+1$）/ 2（第七）个元素是中间元素。

为了编写一个计算中位数的函数，我们还需要对列表进行升序排列。幸运的是，可以使用 sort() 函数来实现：

```
>>> samplelist = [4, 1, 3]
>>> samplelist.sort()
>>> samplelist
[1, 3, 4]
```

现在我们可以编写下一个程序，来计算一个数字列表的中位数：

```
'''
Calculating the median
'''

def calculate_median(numbers):
❶    N = len(numbers)
❷    numbers.sort()

     # Find the median
     if N % 2 == 0:
         # if N is even
         m1 = N/2
         m2 = (N/2) + 1
         # Convert to integer, match position
❸        m1 = int(m1) - 1
❹        m2 = int(m2) - 1
❺        median = (numbers[m1] + numbers[m2])/2
     else:
❻        m = (N+1)/2
         # Convert to integer, match position
         m = int(m) - 1
         median = numbers[m]

     return median

if __name__ == '__main__':
    donations = [100, 60, 70, 900, 100, 200, 500, 500, 503, 600, 1000, 1200]
    median = calculate_median(donations)
    N = len(donations)
    print('Median donation over the last {0} days is {1}'.format(N, median))
```

该程序的整体结构与计算均值的程序类似。calculate_median()函数接收一个数字列表并返回中位数。在❶处计算列表的长度，并创建一个标签 N 来指代它。接下来，在❷处使用 sort()函数对列表进行排序。

然后，我们检查一下 N 是否是偶数。如果是，我们找到中间元素 m1 和 m2，它们是排序列表中位于 $N/2$ 和（$N/2$）+1 的数字。接下来的两个语句（在❸处和❹处）以两种方式调整 m1 和 m2。我们使用 int()函数将 m1 和 m2 转换为整数形式，这是因为除法运算符的结果始终返回浮点数，即使结果等于整数也是如此。例如：

```
>>> 6/2
3.0
```

由于我们不能将浮点数作为列表的索引，因此我们使用 int()将结果转换为整数。我们还要将 m1 和 m2 中减去 1，因为 Python 列表中的索引从 0 开始，这意味着我们要得到列表中的第六和第七个数字，也就是索引位置 5 和 6 的数字。在❺处通过中间位置的两个数字的均值计算中位数。

从❻处开始，程序计算奇数项列表的中位数，再次使用 int()并将 m 减去 1 来找到正确的索引。最后，程序计算并返回捐赠列表的中位数。执行程序时，它计算出中位数为 500：

```
Median donation over the last 12 days is 500.0
```

正如你所看到的，均值（477.75）和中位数（500）在这个特定的列表中相当接近，中位数稍高一些。

3.3 计算众数并创建频数表

如果不是计算一组数字的均值或中位数，而是想找到出现频率最高的数字怎么办？这个数字称为众数（mode）。例如，考虑 20 名学生的数学考试成绩（满分 10 分）：7，8，9，2，10，9，9，9，9，4，5，6，1，5，6，7，8，6，1，10。这个列表的众数可以告诉你班级中最常见的分数。你可以从列表中发现分数 9 出现的频率最高，所以 9 是这个数字列表的众数。没有用于计算众数的符号公式，你只需计算每个数字出现的次数，并找到出现次数最多的数字。

要编写一个程序来计算众数，我们需要让 Python 计数每个数字在列表中出现的次数，并输出最频繁出现的数字。来自 collections 模块的 Counter 类是标准库的一部分，可以帮助我们轻松地得到结果。

3.3.1 寻找最常见的元素

查找数据集中最常见的数字，可以被认为是寻找任意数量的最常见数字的子问题。例如，如果你想知道 5 个最常见的分数而不是第一个最常见的分数怎么办？Counter 类的 most_common()函数能让我们轻松地回答这些问题。我们来看一个例子：

```
>>> simplelist = [4, 2, 1, 3, 4]
>>> from collections import Counter
>>> c = Counter(simplelist)
>>> c.most_common()
[(4, 2), (1, 1), (2, 1), (3, 1)]
```

在这里，我们从 5 个数字的列表开始，并从 collections 模块导入 Counter 类。然后，我们创建一个 Counter 对象，使用 c 来指代该对象。接着我们调用 most_common()函数，该函数将返回一个列表。列表的每个成员都是一个元组。元组的第一个元素是最频繁出现的数字，第二个元素是它出现的次数。这个结果告诉我们，4 出现的次数最多（两次），而其他数字只出现一次。请注意，most_common()函数以任意顺序返回出现次数相同的数字。

当调用 most_common()函数时，你还可以给这个函数提供一个参数，告诉它希望返回的最常见元素的数量。例如，如果我们只想找到最常见的元素，我们将使用参数 1：

```
>>> c.most_common(1)
[(4, 2)]
```

如果将 2 作为参数再次调用该方法，你将看到：

```
>>> c.most_common(2)
[(4, 2), (1, 1)]
```

现在，most_common 函数返回的结果是一个包含两个元组的列表。第一个元组包含最常见的元素，第二个元组包含第二常见的元素。当然，在这个例子中，有几个元素出现的频率相同，因此函数在这里返回 1 是任意的，如前所述。

most_common()函数会返回数字及其出现的次数。如果我们只想要数字而不需要它们出现的次数怎么办？以下是我们如何提取该信息的方法：

```
❶ >>> mode = c.most_common(1)
  >>> mode
  [(4, 2)]
❷ >>> mode[0]
  (4, 2)
❸ >>> mode[0][0]
  4
```

在❶处，我们使用标签 mode 来指代 most_common()函数返回的结果。在❷处，我们使用 mode [0]检索此列表的第一个（也是唯一的）元组。因为我们只需要元组的第一个元素，所以在❸处我们可以通过使用 mode [0] [0]来获得，这将返回 4（最常见的元素或众数）。

现在我们知道了 most_common()函数的工作原理，我们将应用它来解决接下来的两个问题。

3.3.2 计算众数

我们准备编写一个计算数字列表众数的程序：

```
'''
Calculating the mode
'''

from collections import Counter

  def calculate_mode(numbers):
❶     c = Counter(numbers)
❷     mode = c.most_common(1)
❸     return mode[0][0]

  if __name__=='__main__':
      scores = [7, 8, 9, 2, 10, 9, 9, 9, 9, 4, 5, 6, 1, 5, 6, 7, 8, 6, 1, 10]
      mode = calculate_mode(scores)

      print('The mode of the list of numbers is: {0}'.format(mode))
```

calculate_mode()函数计算并返回传递给它的数字列表的众数。要计算众数，在❶处，首先我们从 collections 模块导入 Counter 类，并使用它来创建一个 Counter 对象。然后在❷处，我们使用 most_common()函数，如前所述，它给出了包含元组的一个列表，其中元组包含最常见的数字和这个数字出现的次数，我们用标签 mode 指代该列表。最后，我们使用 mode [0] [0]（❸处）来得到我们想要的数字——列表中最常出现的数字，即众数。

该程序的其余部分将 calculate_mode 函数应用到我们之前看到的测试分数的列表中。运行程序时，你将看到以下输出：

```
The mode of the list of numbers is: 9
```

如果有一组数据，其中两个或多个数字最常出现的次数相同，该怎么办？例如，在列表 5、5、5、4、4、4、9、1、3 中，4 和 5 都出现三次。在这种情况下，数字列表被称为具有多个众数，我们的程序应该计算并输出所有众数。修改后的程序如下：

```
'''
Calculating the mode when the list of numbers may
have multiple modes
'''

from collections import Counter

def calculate_mode(numbers):

    c = Counter(numbers)
❶    numbers_freq = c.most_common()
❷    max_count = numbers_freq[0][1]

    modes = []
    for num in numbers_freq:
❸        if num[1] == max_count:
            modes.append(num[0])
    return modes

if __name__ == '__main__':
    scores = [5, 5, 5, 4, 4, 4, 9, 1, 3]
    modes = calculate_mode(scores)
    print('The mode(s) of the list of numbers are:')
❹    for mode in modes:
        print(mode)
```

在❶处，我们检索所有的数字和每个数字出现的次数，而不是仅查找最常见的元素。接下来，在❷处，我们找到各个数字出现的次数的最大值（max_count）。然后，对于每个数字，我们在❸处检查它出现的次数是否等于最大次数。每个满足此条件的数字都是一个众数，将其添加到列表 modes 中然后返回列表。

在❹处，我们迭代从 calculate_mode()函数返回的列表，并输出每个数字。

执行上述程序时，你将看到以下输出：

```
The mode(s) of the list of numbers are:
4
5
```

如果你想找到每个数字出现的次数，而不仅仅是众数，该怎么办？你可以使用频数表（frequency table），顾名思义，是一个显示每个数字在一组数字中出现次数的表格。

3.3.3 创建频数表

让我们再次考虑测试分数列表：7，8，9，2，10，9，9，9，9，4，5，6，1，5，6，7，8，6，1，10。该列表的频数表如表 3-1 所示。对于每个分数，我们在第二列中列出其出现的次数。

表 3-1　频数表

分数	分数出现的次数
1	2
2	1
4	1
5	2
6	3
7	2
8	2
9	5
10	2

请注意，第二列中各个频数的总和加起来等于测试分数的总数量（在这个例子中为 20）。

我们再次使用 most_common()函数输出一组给定数字的频数表。回想一下，当我们不带参数调用 most_common()函数时，它将返回一个列表，其中包含所有数字及其出现次数的元组。我们可以简单地从这个列表中输出每个数字及其频数，以显示一个频数表。

这是程序：

```
'''
Frequency table for a list of numbers
'''

from collections import Counter

def frequency_table(numbers):
❶    table = Counter(numbers)
      print('Number\tFrequency')
❷    for number in table.most_common():
          print('{0}\t{1}'.format(number[0], number[1]))

if __name__=='__main__':
      scores = [7, 8, 9, 2, 10, 9, 9, 9, 9, 4, 5, 6, 1, 5, 6, 7, 8, 6, 1, 10]
      frequency_table(scores)
```

frequency_table()函数输出传递给它的数字列表的频数表。在❶处，我们首先创建一个 Counter 对象并用标签 table 来指代它。接下来，在❷处使用 for 循环，我们迭代每个元组，输出第一个成员（数字本身）和第二个成员（相应数字的频数）。我们通过使用\t在每个值之间输出一个制表符来分隔表格。运行该程序时，将看到以下输出：

```
Number Frequency
9       5
6       3
1       2
5       2
7       2
8       2
10      2
2       1
4       1
```

在这里，可以看到分数是按照频数递减的顺序排列的，因为 most_common()函数是以此顺序返回数字的。如果你希望程序输出的频数表中的分数从小到大排列，如表 3-1 所示，你必须对元组列表重新排序。

sort()函数是我们修改之前频数表程序必不可少的：

```
'''
Frequency table for a list of numbers
Enhanced to display the table sorted by the numbers
'''

from collections import Counter

def frequency_table(numbers):
    table = Counter(numbers)
❶   numbers_freq = table.most_common()
❷   numbers_freq.sort()

    print('Number\tFrequency')
❸   for number in numbers_freq:
        print('{0}\t{1}'.format(number[0], number[1]))
if __name__ == '__main__':
    scores = [7, 8, 9, 2, 10, 9, 9, 9, 9, 4, 5, 6, 1, 5, 6, 7, 8, 6, 1, 10]
    frequency_table(scores)
```

在这里，我们在❶处将 most_common()函数返回的列表存储在 numbers_freq 中，然后通过在❷处调用 sort()函数对列表进行排序。最后，在❸处使用 for 循环迭代排序后的元组，并输出每个数字及其频数。现在当你运行该程序时，将看到下表（与表 3-1 相同）：

```
Number Frequency
1       2
2       1
4       1
5       2
6       3
7       2
8       2
9       5
10      2
```

在本节中，我们讨论了均值、中位数和众数，这是描述数字列表的三个常用指标。它们都是有用的，但是如果单独使用它们，可能会隐藏数据的某些性质。接下来，我们将研究其他更先进的统计方法，可以帮助我们更好地理解一个数字集合。

3.4 测量离散度

我们将要学习的下一个统计计算是测量离散度（dispersion），它告诉我们一组数据中的数字离数据集的均值有多远。我们将学习三种不同的离散度测量计算方法：极差、方差和标准差。

3.4.1 计算一组数字的极差

再次考虑 A 时期的捐款清单：100，60，70，900，100，200，500，500，503，600，1000，1200。我们发现捐款的均值是 477.75。但是，仅仅通过均值，我们不知道所有的捐款是否都在一个狭窄的范围内，比如在 400 到 500 之间，或者是更大的范围，本例中捐款范围在 60 到 1200 之间。一个数字列表的极差（range）是最大数和最小数之间的差值。可能有两组数字，它们的均值完全相同，但极差却大不相同，因此，了解极差将能补充更多关于一组数字的信息，而不仅是从均值、中位数和众数中得到信息。

下一个程序计算上述捐款列表的极差：

```
'''
Find the range
'''

def find_range(numbers):

❶    lowest = min(numbers)
❷    highest = max(numbers)
     # Find the range
     r = highest-lowest

❸    return lowest, highest, r

if __name__ == '__main__':
     donations = [100, 60, 70, 900, 100, 200, 500, 500, 503, 600, 1000, 1200]
❹    lowest, highest, r = find_range(donations)
     print('Lowest: {0} Highest: {1} Range: {2}'.format(lowest, highest, r))
```

find_range()函数接收一个列表作为参数并计算极差。首先，在❶和❷处使用 min()函数和 max()函数来计算最小和最大的数字。正如函数名称所示，它们在数字列表中找到最小值和最大值。

然后，通过取最大和最小数字之间的差值来计算极差，使用标签 r 来指代该差值。在❸处，我们返回最小值、最大值和极差，这是本书中第一次通过一个函数返回多个值，而不是只返回一个值。在❹处，我们使用三个标签来接收从 find_range()函数返回的三个值。最后，输出这些值。运行程序时，你将会看到以下输出：

```
Lowest: 60 Highest: 1200 Range: 1140
```

这段输出告诉我们，这些天的总捐款是相当分散的，其极差是 1140，因为我们既有小到 60 的数据，也有大到 1200 的数据。

3.4.2　计算方差和标准差

极差告诉我们一组数字中的两个极端值之差，但是如果我们想要更多地了解每个数字与均值的差异情况呢？它们都是相似地聚集在均值附近，还是非常不同地接近极端值？有两种相关的离散度的统计量能够告诉我们更多关于这些方面的信息：方差（variance）和标准差（standard deviation）。无论计算哪一个，首先需要计算每个数与均值的差值，而方差是这些差值的平方和的均值。

方差越大意味着这些数字越偏离均值，方差越小意味着这些数字越聚集在均值附近。我们使用公式计算方差

$$\text{variance} = \frac{\sum(x_i - x_{\text{mean}})^2}{n}$$

在这个公式中，x_i 代表每个数字（在这个例子中是每日捐款数），x_{mean} 代表这些数字的均值（平均每日捐款），n 是列表中的值的个数（收到捐款的天数）。对于列表中的每个值，我们首先计算该数字与均值的差并对其求平方，然后将所有的平方差加在一起，最后将总和除以数值个数 n 来求出方差。

如果想要计算标准差，我们所要做的就是求取方差的平方根。在距离均值一个标准差之内的值可认为较为常见，而距离均值三个或更多个标准差的值可以被认为异常少见，我们将这些值称为异常值（outliers）。

为什么我们有方差和标准差这两种计算离散度的方法？因为这两种统计量在不同的情况下都是有用的。回到我们用来计算方差的公式，可以看出方差是以平方单位表示的，因为它是每个值与均值的差值的平方的平均数。在一些数学公式中，使用这类平方单位而不是计算标准差的平方根会更好。另一方面，标准差以与总体数据相同的单位表示，例如，如果你计算我们的捐赠列表的方差（稍后介绍），结果是以美元平方表示，这并没有太大的意义，而标准差的单位与每个捐款值的单位是相同的（以美元单位表示）。

以下程序计算数字列表的方差和标准差：

```
'''
Find the variance and standard deviation of a list of numbers
'''

def calculate_mean(numbers):
    s = sum(numbers)
    N = len(numbers)
    # Calculate the mean
    mean = s/N
```

```
        return mean

    def find_differences(numbers):
        # Find the mean
        mean = calculate_mean(numbers)
        # Find the differences from the mean
        diff = []

        for num in numbers:
            diff.append(num-mean)

        return diff

    def calculate_variance(numbers):

        # Find the list of differences
❶      diff = find_differences(numbers)
        # Find the squared differences
        squared_diff = []
❷      for d in diff:
            squared_diff.append(d**2)
        # Find the variance
        sum_squared_diff = sum(squared_diff)
❸      variance = sum_squared_diff/len(numbers)
        return variance

    if __name__ == '__main__':
        donations = [100, 60, 70, 900, 100, 200, 500, 500, 503, 600, 1000, 1200]
        variance = calculate_variance(donations)
        print('The variance of the list of numbers is {0}'.format(variance))

❹      std = variance**0.5
        print('The standard deviation of the list of numbers is {0}'.format(std))
```

calculate_variance()函数计算传递给它的数字列表的方差。首先，在❶处调用
find_differences()函数来计算每个数字与均值的差值，该函数以列表的形式返回每个
捐赠值与均值的差值。在这个函数中，我们使用之前编写的calculate_mean()函数计
算均值。然后，从❷处开始，计算这些差值的平方并将结果保存在标签为squared_diff
的列表中。接下来，我们使用sum()函数计算差值平方的和，最后在❸处计算方差。
在❹处我们通过取方差的平方根来计算标准差。

当运行上述程序时，你将看到以下输出：

```
The variance of the list of numbers is 141047.35416666666
The standard deviation of the list of numbers is 375.5627166887931
```

方差和标准差都非常大，这意味着每日捐款数与均值相差很大。现在，让我们
比较另一组与前面的捐赠列表均值相同的捐赠列表的方差和标准差：382，389，377，
397，396，368，369，392，398，367，393，396。在这种情况下，方差和标准差
分别为135.38888888888889和11.63567311713804。较小的方差和标准差告诉我们，
每个数字更接近均值。图3-1展示了这一点。

两个捐款列表的均值是相同的，所以两条均值曲线重叠，在图中显示为一条线。
然而，第一个列表中的捐款值与均值的差值较大，曲线波动很大，而第二个列表中
的捐款值则非常接近于均值，这证实了我们由较小的方差值推断出的结果。

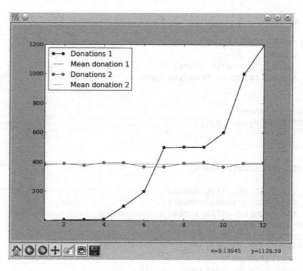

图 3-1 两个列表中的捐款值围绕均值的变动情况

3.5 计算两个数据集之间的相关性

在本节中，我们将学习计算一个统计量：皮尔森相关系数（Pearson correlation coefficient），它告诉我们两组数字之间关系的性质和强度，我将简单地将这个统计量称为相关系数。注意，该系数用于测量线性关系的强度。当两个集合是非线性关系时，我们需要使用其他的方法（不在这里讨论）计算系数。相关系数可以是正数或负数，其大小介于-1 和 1 之间（包括这两个值）。

相关系数为 0 表示两个量之间没有线性相关。注意，这并不意味着两个量彼此独立，例如，它们之间仍然可能存在非线性关系。系数为 1 或接近 1 表示强烈的正相关；系数正好为 1 表示完全正相关。类似地，系数为-1 或接近-1 表示强负相关，其中-1 表示完全负相关。

相关性和因果关系

在统计学中，你经常会遇到这样的陈述："相关性并不意味着有因果关系"。这提醒我们，即使两组观察结果彼此强烈相关，也并不意味着一个变量是导致另一个变量的原因。当两个变量强相关时，有时会有第三个因素影响这两个变量并解释其相关性。一个典型的例子是冰淇淋销售量与犯罪率之间的相关性，如果你在一个典型的城市跟踪这两个变量，你可能会发现相关性，但这并不意味着冰淇淋销售会导致犯罪（反之亦然）。冰淇淋的销售量和犯罪率是相互关联的，因为它们都会随着夏季天气变热而上升。当然这并不意味着炎热的天气直接导致犯罪增加，这种相关性背后还有更复杂的原因。

3.5.1 计算相关系数

计算相关系数的公式如下：

$$\text{correlation} = \frac{n\sum xy - \sum x\sum y}{\sqrt{\left(n\sum x^2 - \left(\sum x\right)^2\right)\left(n\sum y^2 - \left(\sum y\right)^2\right)}}$$

在上述公式中，n 是每组数字中值的总数（两个数据集必须具有相等的长度）。用 x 和 y 来表示这两组数字（指定哪一个代表哪一组不重要）。$\sum xy$ 表示集合 x 和集合 y 中各个元素的乘积总和；$\sum x$ 表示集合 x 中的数字的总和；$\sum y$ 表示集合 y 中的数字的总和；$\left(\sum x\right)^2$ 表示集合 x 中数字的总和的平方；$\left(\sum y\right)^2$ 表示集合 y 中数字的总和的平方；$\sum x^2$ 表示集合 x 中的数字的平方的总和；$\sum y^2$ 表示集合 y 中的数字的平方的总和。

一旦计算了上述各项，你可以将它们代入前面的公式中来求出相关系数。对于小的列表，可以手工计算，而不用花费太多的时间，但是随着每组数字的元素个数增加，计算肯定会变得越来越复杂。

稍后，我们将编写一个计算相关系数的程序。在这个程序中，我们将使用 zip() 函数，它将帮助我们计算两组数字的乘积之和。以下是 zip() 函数的工作原理示例：

```
>>> simple_list1 = [1, 2, 3]
>>> simple_list2 = [4, 5, 6]
>>> for x, y in zip (simple_list1, simple_list2):
        print (x, y)
1 4
2 5
3 6
```

zip() 函数返回 x 和 y 中一对相应的元素，你可以在循环中使用这对元素来执行其他操作（如前面的代码所示的输出操作）。如果两个列表的长度不相等，则当较短列表的所有元素被读取完时，该函数将终止。

现在我们准备编写一个程序来为我们计算相关系数：

```
def find_corr_x_y(x, y):
    n = len(x)

    # Find the sum of the products
    prod = []
❶   for xi, yi in zip(x, y):
        prod.append(xi*yi)

❷   sum_prod_x_y = sum(prod)
❸   sum_x = sum(x)
❹   sum_y = sum(y)
```

```
          squared_sum_x = sum_x**2
          squared_sum_y = sum_y**2

          x_square = []
❺       for xi in x:
              x_square.append(xi**2)
          # Find the sum
          x_square_sum = sum(x_square)

          y_square=[]
           for yi in y:
              y_square.append(yi**2)
          # Find the sum
          y_square_sum = sum(y_square)
          # Use formula to calculate correlation
❻       numerator = n*sum_prod_x_y - sum_x*sum_y
          denominator_term1 = n*x_square_sum - squared_sum_x
          denominator_term2 = n*y_square_sum - squared_sum_y
❼       denominator = (denominator_term1*denominator_term2)**0.5
❽       correlation = numerator/denominator

          return correlation
```

find_corr_x_y()函数接收两个参数 *x* 和 *y*，即我们计算相关系数要使用的两组数字。在这个函数的开始，我们计算列表的长度并创建一个标签 *n* 来引用它。接下来，在❶处我们有个 for 循环，它使用 zip()函数计算每个列表中相应值的乘积（将每个列表的第一个项相乘，然后是每个列表的第二项，依此类推）。我们使用 append()函数将这些乘积添加到标签为 prod 的列表中。

在❷处，我们使用 sum()函数计算存储在 prod 中的乘积总和。在❸和❹处的语句中，我们分别计算 *x* 和 *y* 中的数字之和（再次使用 sum()函数）。然后，计算 *x* 和 *y* 中元素之和的平方，分别创建标签 squared_sum_x 和 squared_sum_y 来指代它们。

在从❺处开始的循环中，我们计算 *x* 中每个元素的平方，并计算这些平方之和。然后对 *y* 中的元素执行同样的操作。我们现在有了计算相关系数所需要的所有项，在❻，❼，❽的语句中完成计算。最后，我们返回相关系数。在大众传媒和科学文章中，相关系数是统计研究中经常引用的一个统计量。有时，我们预先知道数据间存在相关性，想进一步了解其强度。我们将在 3.7 节的"从 CSV 文件读取数据"中看到这样一个例子。有时，我们只是猜测可能存在相关性，但是必须研究数据来验证事实是否如此（如下例所示）。

3.5.2   高中成绩和大学入学考试成绩

在本节中，我们将虚构一个由 10 名高中生组成的小组，并研究他们在学校的成绩与他们在大学入学考试中的成绩之间是否有关系。表 3-2 列出了我们为研究而假设的数据，我们的实验将基于这些数据。"高中成绩"栏列出学生高中成绩的百分位数，"大学入学考试成绩"栏列出了学生在大学入学考试中成绩的百分位数。

表 3-2　高中成绩和大学入学考试成绩

高中成绩（High school grades）	大学入学考试成绩（College admission test scores）
90	85
92	87
95	86
96	97
87	96
87	88
90	89
95	98
98	98
96	87

要分析这些数据，我们来看看散点图（scatter plot）。图 3-2 显示了上述数据集的散点图，x 轴代表高中成绩，y 轴代表相应的大学入学考试成绩。

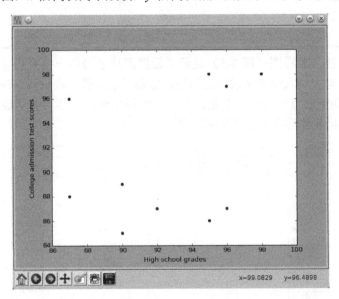

图 3-2　高中成绩和大学入学考试成绩的散点图

散点图显示，高中成绩较高的学生在大学入学考试中的表现不一定好，反之亦然。有些高中成绩较差的学生在大学入学考试时表现得非常出色，而有些高中成绩优异的学生在大学入学考试中则表现得相对较差。如果计算两个数据集的相关系数（使用前面的程序），我们会看到它大约是 0.32，这意味着这两个数据集有一些相关性，但不是很显著。如果相关性接近 1，我们也会在散点图中看到：这些点将更接近于一条直的对角线。

假设表 3-2 中显示的高中成绩是数学、科学、英语和社会科学等各科成绩的均值。让我们想象一下，与其他科目相比大学考试更重视数学。与其观察学生的高中总成绩，不如观察他们的数学成绩，看看是否能更好地预测他们大学考试的成绩。表 3-3 现在只显示数学成绩（百分位数）和大学入学考试成绩。相应的散点图如图 3-3 所示。

表 3-3　高中数学成绩和大学入学考试成绩

高中数学成绩（High school math grades）	大学入学考试成绩（College admission test scores）
83	85
85	87
84	86
96	97
94	96
86	88
87	89
97	98
97	98
85	87

现在，散点图（图 3-3）显示了数据点几乎沿着一条直线分布，这表明高中数学成绩与大学入学考试成绩之间存在很高的相关性。在这种情况下，相关系数约为 1。借助于散点图和相关系数，我们可以得出结论：高中数学成绩和大学入学考试成绩之间确实存在着显著的相关性。

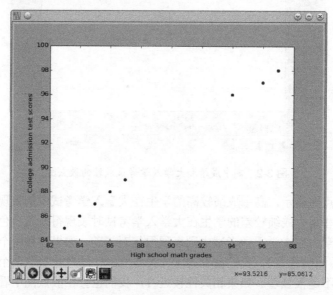

图 3-3　高中数学成绩和大学入学考试成绩的散点图

3.6 散点图

在上一节中，我们看到了一个散点图的例子，它可以使我们看到两组数字之间存在相关性的初步迹象。在本节中，我们将通过查看包含 4 组数据的数集来分析散点图的重要性。对于这些数据集，传统的统计量的结果都是相同的，但每个数据集的散点图显示出重要的差异。

首先，我们来看看如何在 Python 中创建一个散点图：

```
>>> x = [1, 2, 3, 4]
>>> y = [2, 4, 6, 8]
>>> import matplotlib.pyplot as plt
❶ >>> plt.scatter (x, y)
<matplotlib.collections.PathCollection object at 0x7f351825d550>
>>> plt.show()
```

scatter()函数用于在两个数字列表 x 和 y 之间创建一个散点图（❶处）。这个图与我们在第 2 章中创建的图的唯一区别在于，这里我们使用 scatter()函数而不是 plot()函数。同样，必须调用 show()函数来显示图形。

要了解更多关于散点图的信息，我们来看一个重要的统计学研究：统计学家 Francis Anscombe 的"统计分析图"[1]。该研究考察了 4 个不同的数据集，称为 Anscombe 四重奏，它们具有相同的统计属性：均值、方差和相关系数。

数据集如表 3-4 所示（从原始研究转载）。

表 3-4 Anscombe 四重奏：4 个不同的数据集（它们具有几乎相同的统计量）

A		B		C		D	
X1	Y1	X2	Y2	X3	Y3	X4	Y4
10.0	8.04	10.0	9.14	10.0	7.46	8.0	6.58
8.0	6.95	8.0	8.14	8.0	6.77	8.0	5.76
13.0	7.58	13.0	8.74	13.0	12.74	8.0	7.71
9.0	8.81	9.0	8.77	9.0	7.11	8.0	8.84
11.0	8.33	11.0	9.26	11.0	7.81	8.0	8.47
14.0	9.96	14.0	8.10	14.0	8.84	8.0	7.04
6.0	7.24	6.0	6.13	6.0	6.08	8.0	5.25
4.0	4.26	4.0	3.10	4.0	5.39	19.0	12.50
12.0	10.84	12.0	9.13	12.0	8.15	8.0	5.56
7.0	4.82	7.0	7.26	7.0	6.42	8.0	7.91
5.0	5.68	5.0	4.74	5.0	5.73	8.0	6.89

我们分别将（X1，Y1）、（X2，Y2）、（X3，Y3）和（X4，Y4）称为数据集 A、B、C 和 D。表 3-5 显示了四舍五入到两位小数的数据集的统计量。

---

[1] F.J. Anscombe, "Graphs in Statistical Analysis," American Statistician 27, no. 1 (1973): 17–21.

表 3-5 Anscombe 四重奏的统计量

数据集	X		Y		相关系数
	均值	标准差.	均值	标准差	
A	9.00	3.32	7.50	2.03	0.82
B	9.00	3.32	7.50	2.03	0.82
C	9.00	3.32	7.50	2.03	0.82
D	9.00	3.32	7.50	2.03	0.82

各个数据集的散点图如图 3-4 所示。

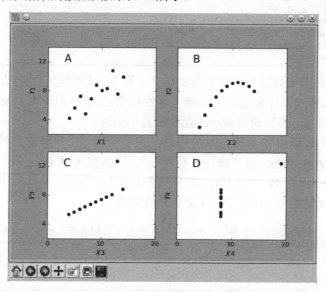

图 3-4 Anscombe 四重奏的散点图

如果我们仅仅看传统的统计量（见表 3-5），如均值、标准差和相关系数，这些数据集几乎是完全相同的。但散点图显示这些数据集实际上差异非常大。因此，散点图可以是一个重要的工具，在得出数据集的任何结论之前，它应该与其他统计量一起使用。

3.7 从文件中读取数据

在本章的所有程序中，我们在计算中使用的数字列表都是自己输入到程序中的。如果你想计算不同数据集的统计量，你必须在程序中输入整个新的数据集。你还学习了如何使程序提示用户输入数据并将输入的数据作为输入参数，但是对于大数据集，让用户在每次使用该程序时都输入长的数字列表并不方便。

更好的选择是从文件中读取用户数据。我们来看一个简单的例子，介绍如何从文件中读取数字并对其执行数学运算。首先，我将演示如何从一个简单的文本文件中读取数据，文件的每一行包含一个新的数据元素。然后，我将向你展示如何从以 CSV 格式存储数据的文件中读取数据，这将拓展很多应用，因为有大量有用的数据集可以通过 CSV 格式从网上下载（如果你不熟悉 Python 中的文件处理，请参阅附录 B 的简要介绍）。

3.7.1 从文本文件中读取数据

我们来看一个文件 mydata.txt，它包含我们在本章开头讲解的捐赠列表（一行一个数字）：

```
100
60
70
900
100
200
500
500
503
600
1000
1200
```

以下程序将读取该文件并输出文件中存储的数字的总和：

```
# Find the sum of numbers stored in a file
def sum_data(filename):
    s = 0
❶    with open(filename) as f:
        for line in f:
❷            s = s + float(line)
    print('Sum of the numbers: {0}'.format(s))

if __name__ == '__main__':
    sum_data('mydata.txt')
```

在 ❶ 处，sum_data()函数打开由参数 filename 指定的文件，并逐行读取（f 称为文件对象，你可以用它指代打开的文件）。在 ❷ 处，我们使用 float()函数将每个数字转换为浮点数，然后继续相加，直到我们读取完所有数据。最后一个数据（标签为 s）包含数字的总和并在执行结束时输出。

在运行程序之前，首先使用适当的数据创建一个名为 mydata.txt 的文件，并将其保存在与程序相同的目录中。你可以用 IDLE 创建此文件，单击 File->New Window（或 New File），在新窗口中键入数字（一行一个数字），然后将文件保存为 mydata.txt，并将文件保存在与程序相同的目录下。现在，如果你运行程序，将看到以下输出：

```
Sum of the numbers: 5733.0
```

本章中的所有程序都假设输入数据可以在列表中获取。要对文件中的数据使用之前的程序，我们需要先从文件中的数据创建一个列表。一旦有了列表，就可以使用之前编写的函数来计算相应的统计量。以下程序可以计算存储在文件 mydata.txt 中的数字的均值：

```
'''
Calculating the mean of numbers stored in a file
'''
def read_data(filename):

    numbers = []
    with open(filename) as f:
        for line in f:
❶            numbers.append(float(line))

    return numbers

def calculate_mean(numbers):
    s = sum(numbers)
    N = len(numbers)
    mean = s/N

    return mean

if __name__ == '__main__':
❷    data = read_data('mydata.txt')
    mean = calculate_mean(data)
    print('Mean: {0}',format(mean))
```

在调用 calculate_mean()函数之前，我们需要读取文件中存储的数据并将其转换成列表，因此使用 read_data()函数，该函数将逐行读取文件。该函数不是对数字求和，而是将它们转换为浮点数，并将它们添加到列表 numbers 中（❶处）。列表返回后，我们在❷处通过标签 data 来指代它。然后我们调用 calculate_mean()函数，该函数返回数据的均值。最后，输出结果。

运行程序时，你将看到以下输出：

```
Mean: 477.75
```

当然，如果你的文件中的数字与本示例中的数字不同，你将看到一个不同的均值。

对于如何询问用户输入文件名，然后相应地修改程序，请参阅附录 B。这会让你能够指定任何数据文件。

3.7.2 从 CSV 文件中读取数据

逗号分隔值（CSV）文件由行和列组成，列和列之间用逗号分隔。你可以使用操作系统上的文本编辑器或专用软件（如 Microsoft Excel、OpenOffice Calc 或 LibreOffice Calc）查看 CSV 文件。

以下是一个 CSV 文件样本，其中包含几个数字及它们的平方：

```
Number, Squared
```

```
10, 100
9, 81
22, 484
```

第一行称为标题。在本例中，它告诉我们该文件的第一列中的条目是数字（Number），第二列中的条目是相应的平方值（Squared）。接下来的三行各包含一个数字，以及用逗号分隔的平方值。可以使用类似于读取.txt 文件的方法从该文件读取数据。但是，Python 的标准库有一个用于读取（和写入）CSV 文件的专用模块（csv），这个模块可以使读取变得更容易一些。

将数字和它们的平方值保存在与程序相同目录下的文件 numbers.csv 中。以下程序演示了如何读取此文件，然后创建一个散点图显示数字与其平方值：

```
import csv
import matplotlib.pyplot as plt

def scatter_plot(x, y):
    plt.scatter(x, y)
    plt.xlabel('Number')
    plt.ylabel('Square')
    plt.show()

def read_csv(filename):

    numbers = []
    squared = []
    with open(filename) as f:
❶       reader = csv.reader(f)
        next(reader)
❷       for row in reader:
            numbers.append(int(row[0]))
            squared.append(int(row[1]))
        return numbers, squared

if __name__ == '__main__':
    numbers, squared = read_csv('numbers.csv')
    scatter_plot(numbers, squared)
```

read_csv()函数使用 csv 模块（在程序开始时导入）中定义的 reader()函数读取 CSV 文件，调用该函数，将文件对象 f 作为参数传递给它（❶处）。然后，该函数返回一个指向 CSV 文件第一行的指针（pointer）。我们知道文件的第一行是标题，我们要跳过，所以我们使用 next()函数将指针移动到下一行。然后，在❷处我们读取文件的每一行，每一行由标签 row 指代，row[0]指代数据的第一列，row[1]指代第二列。对于这个特定的文件，我们知道这两个数字都是整数，所以我们使用 int()函数将它们的类型从字符串转换为整数，并将它们存储在两个列表中。返回结果是一个包含数字，另一个包含平方值的两个列表。

然后我们使用 numbers 和 squared 这两个列表来调用 scatter_plot()函数，创建散点图。我们之前写的 find_corr_x_y()函数也可以很容易地用于计算两组数字之间的相关系数。

现在我们来处理一个更复杂的 CSV 文件。在你的浏览器中打开 Google Correlate

的页面，输入你想搜索的任何查询（例如，夏天），然后单击搜索相关按钮。你将看到在"与夏天相关"标题下返回了一些结果，第一个结果是相关性最高（每个结果左边的数字）。单击图形上方的"散点图"选项可查看散点图，其中 x 轴标记为夏天，y 轴用顶部结果标记。忽略在两个轴上绘制的精确数字，因为我们只对相关性和散点图感兴趣。

在散点图上方，单击"导出数据为 CSV"，文件下载将开始。将此文件保存在与程序相同的目录中。

此 CSV 文件与我们之前看到的文件略有不同。在文件的开头，你会看到一些空行和带有'#'符号的行，直到最后你会看到标题和数据。这些行对我们来说是没有用的，使用能打开 CSV 文件的任何软件，手动删除它们，使得文件的第一行是标题。你还需要删除文件末尾的空行。然后保存文件。在这个步骤中，我们清理了文件以便能更简单地使用 Python 执行操作，此步骤通常称为预处理数据。

标题有几列，第一列包含每行中数据的日期（每行的数据对应于此列中日期开始的周数），第二列是你输入的搜索查询，第三列显示与你的搜索查询相关性最高的搜索查询，其他列包含与你输入的搜索查询按相关性降序排列的其他多个搜索查询。这些列中的数字是相应搜索查询的 z 分数。z 分数表示在特定周期间搜索词语的次数与该词每周的总平均搜索次数之间的差异。正的 z 分数值表示搜索次数高于该周搜索次数的均值，负的 z 分数值表示低于均值。

现在，我们只处理第二和第三列。你可以使用 read_csv()函数来读取这些列：

```
def read_csv(filename):

    with open(filename) as f:
        reader = csv.reader(f)
        next(reader)

        summer = []
        highest_correlated = []
❶      for row in reader:
            summer.append(float(row[1]))
            highest_correlated.append(float(row[2]))

    return summer, highest_correlated
```

这很像早期版本的 read_csv 函数，这里的主要变化是我们如何将值附加到从 ❶ 处开始的每个列表中：我们现在读取每行的第二个元素和第三个元素，并将它们存储为浮点数。

以下程序使用此函数计算你输入的搜索查询与其相关性最高的查询两者之间相关性的值。它还创建了这些值的散点图：

```
import matplotlib.pyplot as plt
import csv

if __name__ == '__main__':
❶    summer, highest_correlated = read_csv('correlate-summer.csv')
```

```
corr = find_corr_x_y(summer, highest_correlated)
print('Highest correlation: {0}'.format(corr))
scatter_plot(summer, highest_correlated)
```

假设 CSV 文件被保存为 correlate-summer.csv，我们调用 read_csv()函数来读取第二列和第三列中的数据（❶处）。然后，我们对 summer 和 highest_correlated 两个列表调用之前编写的 find_corr_x_y()函数，这个函数会返回相关系数，然后输出结果。现在，我们再次对这两个列表调用以前写的 scatter_plot()函数。在运行此程序之前，你需要包含 read_csv()、find_corr_x_y()和 scatter_plot()函数的定义。

在运行时，你将看到程序输出了相关系数，并创建了一个散点图，它们都应该与 Google 网站上显示的结果非常相似。

3.8 本章内容小结

在本章中，你学习了计算统计量来描述一组数字以及数字集之间的关系。你还学习了使用图来帮助你理解这些统计量。在编写程序计算这些统计量时，你学到了一些新的编程工具和概念。

3.9 编程挑战

接下来，应用你学到的知识完成以下编程挑战。

#1：更好的相关系数计算程序

我们之前编写的 find_corr_x_y()函数用于计算两组数字之间的相关系数，它假设了两组数字的长度相同。改进这个函数，使它首先检查列表的长度，如果长度相等，那么函数才能继续执行接下来的计算，否则输出无法计算相关系数的错误信息。

#2：统计计算器

实现一个统计计算器，它获取文件 mydata.txt 中的数字列表，然后使用本章前面编写的函数，计算并输出其均值、中位数、众数、方差和标准差。

#3：用其他 CSV 数据做实验

你可以在网上免费获得许多有趣的数据源，网站 quandl 是其中一个来源。请从 https://raw.githubusercontent.com/doingmathwithpython/code/master/chapter3/solutions/USA_SP_POP_TOTL.csv，下载以下数据：1960 年至 2012 年间美国每年年底总人口。然后，计算多年来人口差值的均值、中位数、方差和标准差，并创建一个显示这些差值的图形。

#4：计算百分位数

百分位数是一个常用的统计数据，它传递的值低于给定的观测百分比。例如，如果一个学生在考试中获得了第 95 百分位的分数，这意味着 95%的学生得分小于或等于该学生的分数。另一个例子，在数字列表 5，1，9，3，14，9，7 中，第 50 百分位数是 7，第 25 百分位数是 3.5（这是一个没有出现在列表中的数字）。

有很多方法可以找到与给定百分位数相对应的观察值，这里我们介绍一种[1]。

假设我们要计算 p 百分位数处的观察值：

1. 按升序排列给定的数字列表，我们可以称为 data。
2. 计算

$$i = \frac{np}{100} + 0.5$$

此处 n 是 data 中的项数。

3. 如果 i 是一个整数，则 data[i]是对应于 p 百分位数的观察值。

4. 如果 i 不是一个整数，设 k 等于 i 的整数部分，f 等于 i 的小数部分，则数字（1-f）*data[k] + f*data[k + 1]是 p 百分位数的观察值。

使用这种方法，编写一个程序，从某文件读取一组数字，并将用户输入的百分位数所对应的数字显示出来。

#5：创建分组频数表

你的挑战是编写一个用一组数字创建分组频数表的程序。分组频数表显示分为不同类别的数据的频数。例如，让我们考虑在 3.3 节中讨论的分数：7，8，9，2，10，9，9，9，9，4，5，6，1，5，6，7，8，6，1，10，分组频数表将显示如下数据：

成绩（Grade）	频数（Frequency）
1-6	6
6-11	14

该表将分数分为两类：1-6（包括 1 但不包括 6）和 6-11（包括 6 但不包括 11），并给出了属于每个类别的分数的数量。确定每个类的数量和每个类的极差是创建此表涉及的两个关键步骤。在这个例子中，我已经演示了两个类，每个类的极差等于总极差的一半。

这是创建类的一个简单方法，它假设可以任意选择类的数量：

---

1 参见由 Ian Robertson 所写的 "Calculating Percentiles"（斯坦福大学，2004 年 1 月）

```
def create_classes(numbers, n):
    low = min(numbers)
    high = max(numbers)

    # Width of each class
    width = (high - low)/n
    classes = []
    a = low
    b = low + width
    classes = []
    while a < (high-width):
        classes.append((a, b))
        a= b
        b = a + width
    # The last class may be of a size that is less than width
    classes.append((a, high+1))
    return classes
```

create_classes()函数接收两个参数：数字列表（numbers）和要创建的类的数量（n）。它将返回一个元组列表，每个元组代表一个类。例如，如果使用前面的成绩并令 $n = 4$，程序将返回以下列表：[(1,3.25),(3.25,5.5),(5.5,7.75),(7.75,11)]。一旦你有了这个列表，下一步就是去查看每一个数字，找出它属于返回的哪个类。

你的挑战是编写程序以从文件中读取数字列表，然后使用 create_classes()函数输出分组频数表。

第4章

用 SymPy 包解代数和符号数学问题

到目前为止，我们程序中的数学问题和解法都与数字运算相关。不过，数学的教学、学习和实践中还有另外一种方式，那就是用符号和符号之间的运算来表示。回忆下典型的代数问题中的 x 和 y，我们将这类数学称为符号数学（symbolic math）。我敢肯定你还记得数学课上那些可怕的因式分解问题（例如，分解 x^3+3x^2+3x+1）。别担心，在本章中，我们将学习如何编写能够解决这些问题的程序。我们将使用 SymPy（一个 Python 库），它能让你编写包含符号的代数表达式并对其执行操作。由于 SymPy 是第三方库，因此在使用它之前，需要先安装它（安装说明见附录 A）。

4.1 定义符号和符号运算

符号（symbol）是构成符号数学的基础。符号是方程式和代数表达式中的 x、y、a 和 b 的通用名称。这里创建和使用符号的方式与以前不同。看以下语句：

```
>>> x= 1
>>> x + x + 1
3
```

在这里，我们创建一个标签 x 来指代数字 1，然后用语句 $x + x + 1$ 执行计算，结果是 3。如果你希望结果是包含 x 的形式呢？也就是说不直接显示 3，而是希望输出结果为 $2x+1$。你不能仅仅把语句 $x = 1$ 去掉，只使用语句 $x + x + 1$ 输出你想要的结果，因为在这种情况下，Python 不知道 x 指的是什么。

SymPy 可以让我们编写类似的包含符号的表达式并执行计算。要在程序中使用符号，首先必须创建一个 Symbol 类的对象，如下所示：

```
>>> from sympy import Symbol
>>> x = Symbol('x')
```

首先，我们从 SymPy 库导入 Symbol 类。然后，我们创建这个类的对象，将'x'作为参数传递。请注意，这个'x'是作为有引号包围的字符串传递的。现在我们可以用这个符号来定义表达式和方程。例如，下面是前面的表达式：

```
>>> from sympy import Symbol
>>> x = Symbol('x')
>>> x + x + 1
2*x + 1
```

现在的结果是包含符号 x 的形式。在语句 $x =$ Symbol('x')中，左侧的 x 是 Python 的标签，与以前使用过的一样，只是这种情况下，它指代的是符号，而不是数字，更确切地说，是指代字符串'x'的 Symbol 对象。标签不一定要与符号匹配，我们可以使用像 a 或 var1 这样的标签。所以，之前的语句也可以写成如下形式：

```
>>> a=Symbol ('x')
>>> a + a+ 1
2*x+1
```

不过使用不匹配的标签容易令人困惑，所以我建议应该选择一个与被指代的符号字母相同的标签。

> ### 通过 Symbol 对象找到符号所代表的含义
> 对任何 Symbol 对象，它的 name 属性是它所代表的实际符号的一个字符串：
> ```
> >>> x = Symbol('x')
> >>> x.name
> 'x'
> >>> a = Symbol('x')
> >>> a.name
> 'x'
> ```
> 你可以对一个标签使用.name 来获取它所指代的符号。

需要明确一点，你创建的符号必须指定为字符串。例如，你不能用 $x =$ Symbol (x) 创造符号 x，必须定义为 $x =$ Symbol（'x'）。

要定义多个符号，可以多次创建单独的 Symbol 对象或者使用 symbols()函数来更简洁地定义它们。假如在程序中要使用三个符号：x、y 和 z，你可以单独定义它们，正如我们之前做的那样：

```
>>> x = Symbol('x')
>>> y = Symbol('y')
>>> z = Symbol('z')
```

但一个更简洁的方法是使用 symbols()函数同时定义这三个符号：

```
>>> from sympy import symbols
>>> x,y,z = symbols('x,y,z')
```

首先，从 SymPy 导入 symbols()函数。然后，将用想要创建的三个符号作为参数，将参数作为一个字符串（用逗号分隔它们）。执行此语句后，x、y 和 z 三个符号将分别指代三个字符串'x'、'y'和'z'。

一旦定义了符号，就可以对它们执行基本的数学运算，使用你在第 1 章学习到的运算符（+、−、/、*和**）。例如，你可以执行以下操作：

```
>>> from sympy import Symbol
>>> x = Symbol('x')
>>> y = Symbol('y')
>>> s = x*y + x*y
>>> s
2*x*y
```

让我们看看能否得到 $x(x+x)$ 的乘积：

```
>>> p = x*(x + x)
>>> p
2*x**2
```

SymPy 会自动进行这些简单的加法和乘法运算，但是如果我们输入一个更复杂的表达式，表达式将保持不变。让我们看看当我们输入表达式 $(x + 2) * (x + 3)$ 时会发生什么情况：

```
>>> p = (x+2)*(x+3)
>>> P
(x + 2)*(x + 3)
```

你可能期待 SymPy 将所有内容相乘并输出 $x ** 2 + 5 * x + 6$，然而，表达式仅仅输出了我们输入的原始形式。SymPy 只自动简化最基本的表达式，而对于更复杂的表达式，SymPy 将简化操作留给了程序员。如果你希望得到展开式，必须使用 expand()函数，稍后我们将看到该函数。

4.2 使用表达式

现在我们知道了如何定义符号表达式，让我们进一步了解如何在程序中使用它们。

4.2.1 分解和展开表达式

factor()函数分解表达式；而 expand()函数展开表达式，将表达式表示为单个项的总和。我们用基本代数恒等式 $x^2 - y^2 = (x + y)(x - y)$ 来检验这些函数。等式的左边是展开的版本，右边是相应的分解式。因为等式中有两个符号，所以我们将创建两个 Symbol 对象：

```
>>> from sympy import Symbol
>>> x = Symbol('x')
>>> y = Symbol('y')
```

接下来，我们导入 factor() 函数，用它将展开式（等式左侧）转换为分解的版本（等式右侧）：

```
>>> from sympy import factor
>>> expr = x**2 - y**2
>>> factor(expr)
(x - y)*(x + y)
```

正如预期的那样，我们得到了表达式的分解版本。现在让我们展开这些因子以得到最初的形式：

```
>>> from sympy import expand
>>> factors = factor(expr)
>>> expand(factors)
x**2 - y**2
```

我们用一个新的标签 factors 来保存表达式，然后调用 expand() 函数展开它，得到最初的表达式。尝试一下更复杂的等式 $x^3 + 3x^2y + 3xy^2 + y^3 = (x + y)^3$：

```
>>> expr = x**3 + 3*x**2*y + 3*x*y**2 + y**3
>>> factors = factor(expr)
>>> factors
(x + y)**3

>>> expand(factors)
x**3 + 3*x**2*y + 3*x*y**2 + y**3
```

上述代码中，factor() 函数分解表达式，然后 expand() 函数展开已经分解的表达式，以还原成原始表达式。

如果你试图分解无法分解的表达式，factor() 函数会返回原始表达式。例如：

```
>>> expr = x + y + x*y
>>> factor(expr)
x*y + x + y
```

同样，如果表达式无法通过 expand() 展开，它将返回原始表达式。

4.2.2 使表达式整齐输出

如果希望所处理的表达式在输出时看起来整齐些，可以使用 pprint() 函数，这个函数将以更接近于我们通常在纸上写的方式输出表达式。例如，这里有一个表达式：

```
>>> expr=x*x + 2*x*y + y*y
```

如果我们用之前所用的方法输出或使用 print() 函数，输出结果如下所示：

```
>>> expr
x**2 + 2*x*y + y**2
```

现在我们用 pprint()函数输出之前的表达式，如下所示：

```
>>> from sympy import pprint
>>> pprint(expr)
 2             2
x  + 2·x·y + y
```

表达式现在看起来更清晰，标签右上方的指数取代了那一堆复杂的星号。

你还可以更改表达式输出时的顺序。考虑这个表达式 $1 + 2x + 2x^2$：

```
>>> expr = 1 + 2*x + 2*x**2
>>> pprint(expr)
     2
2·x  + 2·x + 1
```

这些项按 x 的幂顺序排列，从最高次到最低次。如果你希望得到相反的顺序，即 x 的最高幂项在最后，可以用 init_printing()函数，如下所示：

```
>>> from sympy import init_printing
>>> init_printing(order='rev-lex')
>>> pprint(expr)
            2
1 + 2·x + 2·x
```

首先导入 init_printing()函数，用关键字参数 order= 'rev-lex'调用。这表明，我们要 SymPy 以相反顺序输出表达式。在这种情况下，关键字参数告诉 Python 首先输出低阶的幂项。

注：虽然我们用 init_printing()函数来设置表达式的输出顺序，但此函数还有更多的使用方法来配置表达式的输出方式。关于 SymPy 中输出的更多选项和使用方法，请参阅 http://docs.sympy.org/latest/tutorial/printing.html 上的文档。

让我们应用刚才所学的内容来实现一个级数输出程序。

4.2.3　输出级数

考虑以下级数：

$$x + \frac{x^2}{2} + \frac{x^3}{3} + \frac{x^4}{4} + \cdots + \frac{x^n}{n}$$

编写一个程序，让用户输入一个数字 n（项数），然后输出这个项数的级数。在级数中，x 是一个符号，n 是用户输入的整数。该级数的第 n 项由下式给出：

$$\frac{x^n}{n}$$

我们可以用下面的程序输出这个级数：

```
'''
Print the series:
```

$$\frac{x + x^{**}2 + x^{**}3 + \ldots + x^{**}n}{2 \quad 3 \qquad n}$$

```
...

from sympy import Symbol, pprint, init_printing
def print_series(n):

    # Initialize printing system with reverse order
    init_printing(order='rev-lex')

    x = Symbol('x')
❶    series = x
❷    for i in range(2, n+1):
❸        series = series + (x**i)/i
    pprint(series)

if __name__ == '__main__':
    n = input('Enter the number of terms you want in the series: ')
❹    print_series(int(n))
```

print_series()函数接收一个整数 *n* 为参数（它是要输出的级数中项的数量）。请注意，在❹处调用 print_series()函数时，使用 int()函数将输入转换为整数。然后我们调用 init_printing()函数设置级数以相反顺序输出。

在❶处，我们创建标签 series 并设置其初始值为 *x*，然后，在❷处，我们定义了一个 for 循环迭代从 2 到 *n* 的整数。在❸处，每一次循环迭代中，每个项都被相加到 series 中，如下：

```
i = 2, series = x + x**2 / 2
i = 3, series = x + x**2/2 + x**3/3

--snip--
```

级数的值由 *x* 开始，但在每一次迭代中，$x^{**}i/i$ 会被相加到 series 中，直到预期的级数完成为止。你可以看到 SymPy 加法运用得恰到好处。最后，使用 pprint() 函数输出级数。

当你运行程序时，它会询问你，让你输入一个数字，然后输出到该数字为止的级数：

```
Enter the number of terms you want in the series: 5

     x²    x³   x⁴   x⁵
x + -- + -- + -- + --
     2    3    4    5
```

尝试使用不同的项数来运行程序。接下来，我们将学习如何计算当 *x* 为某个值时这个级数的和。

4.2.4　用值替代符号

下面我们学习使用 SymPy 把具体值代入表达式中，这样可以用变量的特定值来计算表达式的值。考虑表达式 $x^2 + 2xy + y^2$，定义如下：

```
>>> x = Symbol('x')
>>> y = Symbol('y')
>>> x*x + x*y + x*y + y*y
x**2 + 2*x*y + y**2
```

如果要计算这一表达式，可以使用 subs()函数将值代入：

❶ >>> expr = x*x + x*y + x*y + y*y
```
>>> res = expr.subs({x:1, y:2})
```

首先，在❶处我们创建一个新的标签 expr 来指代表达式，然后调用 subs()函数，该函数的参数是一个 Python 字典（dictionary），其中包含两个符号标签以及要替换的具体数值。结果如下：

```
>>> res
9
```

你可以用一个符号来表示另一个符号，并使用 subs()函数进行相应的替换。例如，如果已知 $x = 1 - y$，计算上述表达式：

```
>>> expr.subs({x:1-y})
y**2 + 2*y*(-y + 1) + (-y + 1)**2
```

Python 字典

在 Python 中，字典是另一种数据结构类型（之前所看到的列表和元组是数据结构的其他示例）。字典在大括号内包含键-值对，其中每一个键都与一个由冒号分隔的值匹配。在之前的代码中，我们输入字典{x:1, y:2}并将它们作为 subs()函数的参数，这个字典有两个键-值对：x:1 和 y:2，其中 x 和 y 分别是键，1 和 2 是键所对应的值。你可以通过在中括号中输入一个键来提取相应的值，如同之前在列表中用元素索引提取元素一样。例如，我们创建一个简单的字典，然后提取与 key1 对应的值：

```
>>> sampledict = {"key1": 5, "key2": 20}
>>> sampledict["key1"]
5
```

关于字典的更多内容，请参考附录 B。

如果你希望进一步简化结果，例如，如果存在相互抵消的项，我们可以用 SymPy 的 simplify()函数，如下：

❶ >>> expr_subs = expr.subs({x:1-y})
```
>>> from sympy import simplify
```
❷ >>> simplify(expr_subs)
```
1
```

在❶处，我们创建了一个新的标签 expr_subs，用来指代将 $x = 1 - y$ 代入表达式后的结果。然后，从 SymPy 包导入 simplify()函数并在❷处调用。计算的结果是 1，因为表达式的其他项相互抵消了。

虽然在前面例子中有过表达式的简化形式，但你必须要求 SymPy 使用 simplify()
函数来简化这个表达式。再次强调，在没有明确指定时，SymPy 不会对表达式进行
简化。

simplify() 函数可以简化复杂的表达式，如那些包括对数和三角函数的函数，但
是我们不会在这里讨论这些内容。

计算级数的值

让我们回忆一下级数输出的程序。除了输出级数以外，我们希望对于一个特定
的值 x，程序能够计算出级数的值。因此，程序将从用户那里得到两个参数：级数
的项数和计算序列值的 x 的值。然后，程序将输出级数和级数总和。下面的程序扩
展了级数输出程序，以包括上述增加的功能：

```
'''
Print the series:
x + x**2 + x**3 + ... + x**n
    ___   ___         ___
     2     3           n
'''

from sympy import Symbol, pprint, init_printing
def print_series(n, x_value):

    # Initialize printing system with reverse order
    init_printing(order='rev-lex')

    x = Symbol('x')
    series = x
    for i in range(2, n+1):
        series = series + (x**i)/i

    pprint(series)

    # Evaluate the series at x_value
❶   series_value = series.subs({x:x_value})
    print('Value of the series at {0}: {1}'.format(x_value, series_value))

if __name__ == '__main__':
    n = input('Enter the number of terms you want in the series: ')
❷   x_value = input('Enter the value of x at which you want to evaluate the series: ')

    print_series(int(n), float(x_value))
```

现在，print_series() 函数需要一个额外的参数 x_value，该参数是用来计算级数
值的 x 的值。在❶处，我们用 subs() 函数执行计算并将结果保存在标签 series_value
中，并在下一行显示其结果。

在❷处，询问用户输入 x 的值并用标签 x_value 来指代它。在调用 print_series()
函数前，我们使用 float() 函数将该值转换为其对应的浮点数。

如果现在执行程序，它会询问你输入两个参数并输出级数以及级数值：

```
Enter the number of terms you want in the series: 5
Enter the value of x at which you want to evaluate the series: 1.2
```

```
     x²    x³    x⁴    x⁵
x + -- + -- + -- + --
     2     3     4     5
Value of the series at 1.2: 3.51206400000000
```

在这个示例运行中，我们将 x 设置为 1.2，要求级数输出 5 项，程序会计算并输出该级数的相应结果。

4.2.5　将字符串转换为数学表达式

到目前为止，我们每次都出于具体目的写出表达式。但是，如果希望编写一个更通用的程序，要求这个程序可以处理用户提供的任何表达式该怎么办呢？为此，我们需要一种方法，将用户的输入（字符串）转换为可以执行数学运算的内容。SymPy 的 sympify() 函数能帮助我们做到这一点，该函数可以将字符串转换为 SymPy 对象，以方便应用 SymPy 的函数。让我们看一个例子：

```
❶ >>> from sympy import sympify
  >>> expr = input('Enter a mathematical expression: ')
  Enter a mathematical expression: x**2 + 3*x + x**3 + 2*x
❷ >>> expr = sympify(expr)
```

我们首先在❶处导入 sympify() 函数，然后用 input() 函数得到一个数学表达，并将表达式作为输入，使用标签 expr 来指代它。下一步，我们在❷处以 expr 作为参数调用 sympify() 函数，并使用相同的标签来指代转换后的表达式。

可以在表达式上执行各种运算。例如，我们尝试将表达式乘以 2：

```
>>> 2*expr
2*x**3 + 2*x**2 + 10*x
```

当用户提供无效表达式时会发生什么情况？看看如下例子：

```
>>> expr = input('Enter a mathematical expression: ')
Enter a mathematical expression: x**2 + 3*x + x**3 + 2x
>>> expr = sympify(expr)
Traceback (most recent call last):
  File "<pyshell#146>", line 1, in <module>
    expr = sympify(expr)
  File "/usr/lib/python3.3/site-packages/sympy/core/sympify.py", line 180, in sympify
    raise SympifyError('could not parse %r' % a)
sympy.core.sympify.SympifyError: SympifyError: "could not parse 'x**2 + 3*x + x**3 + 2x'"
```

由最后一行代码可知，sympify() 不能转换输入的表达式。因为用户没有在 2 和 x 之间添加运算符*，所以 SymPy 不明白这是什么意思。程序应该预计到类似的无效输入，并在出现错误消息时输出错误消息，下面看看如何通过捕获 SympifyError 异常来实现这一点：

```
>>> from sympy import sympify
>>> from sympy.core.sympify import SympifyError
>>> expr = input('Enter a mathematical expression: ')
Enter a mathematical expression: x**2 + 3*x + x**3 + 2x
```

```
>>> try:
        expr = sympify(expr)
except SympifyError:
        print('Invalid input')

Invalid input
```

上面程序中的两个更改是，从 sympy.core.sympify 模块导入 SympifyError 异常类并且在 try…except 模块中调用 sympify()函数。现在如果出现 SympifyError 异常，程序会输出一条错误消息。

4.2.6　表达式乘法

让我们运用 sympify()函数编写一个程序，计算两个表达式的乘积：

```
'''
Product of two expressions
'''

from sympy import expand, sympify
from sympy.core.sympify import SympifyError

def product(expr1, expr2):
    prod = expand(expr1*expr2)
    print(prod)

if __name__=='__main__':
❶    expr1 = input('Enter the first expression: ')
❷    expr2 = input('Enter the second expression: ')

    try:
        expr1 = sympify(expr1)
        expr2 = sympify(expr2)
    except SympifyError:
        print('Invalid input')
    else:
❸        product(expr1, expr2)
```

在❶和❷处，我们询问用户，让用户输入两个表达式。然后，我们在 try…except 模块中用 sympify()函数将这两个表达式转换成 SymPy 能接收的形式。如果转换成功（由 else 块表示），在❸处，调用 product()函数计算两个表达式的乘积并输出结果。注意我们使用 expand()函数输出乘积结果，该结果用其所有项的和来表示。

下面是程序的执行示例：

```
Enter the first expression: x**2 + x*2 + x
Enter the second expression: x**3 + x*3 + x
x**5 + 3*x**4 + 4*x**3 + 12*x**2
```

最后一行显示了两个表达式的乘积。输入参数也可以是包含多个符号的表达式：

```
Enter the first expression: x*y+x
Enter the second expression: x*x+y
x**3*y + x**3 + x*y**2 + x*y
```

4.3 解方程

SymPy 的 solve()函数可以用来求解方程。当你输入一个代表变量（比如 x）的符号的表达式时， solve()函数可以计算出该符号的值。该函数总是通过假设输入的表达式等于 0 来计算，也就是说，将结果值代入符号时，整个表达式等于零。让我们从简单方程 $x - 5 = 7$ 开始。如果我们想用 solve()求出 x 的值，我们首先要使方程的一边等于零（ $x - 5 - 7 = 0$ ）。然后，我们准备使用 solve()，如下：

```
>>> from sympy import Symbol, solve
>>> x = Symbol('x')
>>> expr = x - 5 - 7
>>> solve(expr)
[12]
```

使用 solve()函数计算出 x 的值为 12，因为它使得表达式（ $x - 5 - 7$ ）等于零。

注意，结果 12 在列表中返回。一个方程可能存在多个解，例如，一个一元二次方程有两个解。在这种情况下，该列表将包含所有的解。也可以让 solve()函数以 Python 字典的形式返回结果，每个字典包含符号（变量名）和对应的值（解）。在求解联立方程组时，这一点特别有用，因为我们有一个以上的变量要求解，当解作为字典返回时，我们知道哪一个解对应哪一个变量。

4.3.1 解二次方程

在第 1 章中，我们通过公式求二次方程 $ax^2 + bx + c = 0$ 的两个根，然后代入常数 a、b 和 c 的值，下面学习在不需要写出公式的情况下，如何使用 SymPy 的 solve()函数找到根。我们看一个例子：

```
❶ >>> from sympy import solve
  >>> x = Symbol('x')
❷ >>> expr = x**2 + 5*x + 4
❸ >>> solve(expr, dict=True)
❹ [{x: -4}, {x: -1}]
```

在❶处，首先导入 solve()函数，然后定义一个符号 x。在❷处，定义一个二次方程的表达式，x**2+5*x+4。在❸处，用之前的表达式调用 solve()函数，solve()函数的第二个参数（dict= true）指定将结果作为一个列表返回，其中每个元素都是 Python 字典。

将符号作为键，将与键相应的解作为值，返回列表中的每个解都是一个字典。如果方程无解，则返回空列表。在❹处我们看到，上述方程的根是-4 和 1。

我们在第 1 章中发现，方程 $x^2 + x + 1 = 0$ 的根为复数。我们使用 solve()函数再试试：

```
>>> x=Symbol('x')
>>> expr = x**2 + x + 1
```

```
>>> solve(expr, dict=True)
[{x: -1/2 - sqrt(3)*I/2}, {x: -1/2 + sqrt(3)*I/2}]
```

两个根都是复数，如预期一样，虚数部分用符号 I 表示。

4.3.2　用其他变量求解一个变量

除了找到方程的根，我们还可以使用符号数学的优势，通过 solve()函数将方程中的一个变量用另一个变量来表示。通过求解二次方程 $ax^2 + bx + c = 0$ 的根来试试，我们将定义 x 和三个额外的符号 a、b 和 c，它们分别对应三个常量：

```
>>> x = Symbol('x')
>>> a = Symbol('a')
>>> b = Symbol('b')
>>> c = Symbol('c')
```

接下来，我们写出相应方程的表达式，并使用 solve()函数求解：

```
>>> expr = a*x*x + b*x + c
>>> solve(expr, x, dict=True)
[{x: (-b + sqrt(-4*a*c + b**2))/(2*a)}, {x: -(b + sqrt(-4*a*c + b**2))/(2*a)}]
```

这里，solve()函数中必须有一个额外的参数 x，因为方程中有不止一个符号，我们需要告诉 solve()函数应该解出哪个符号，这通过指定 x 作为第二个参数来实现。正如我们希望的，solve()函数输出了二次公式：在多项式中求解 x 的值的一般公式。

明确来说就是，当我们使用 solve()函数求解包含多个符号的方程时，通过指定要求解的符号作为第二个参数来实现（此时第三个参数指定我们想要返回的结果的形式）。

接下来，让我们考虑物理学的一个例子。由运动方程可知，物体移动的距离由加速度常量 a、初始速度 u 和时间 t 决定，公式如下：

$$s = ut + \frac{1}{2}at^2$$

然而，给定 u 和 a，如果你想计算物体运动了给定距离 s 所需的时间，你必须首先用其他变量表示 t。下面是如何使用 SymPy 的 solve()函数求解所需时间的方式：

```
>>> from sympy import Symbol, solve, pprint
>>> s = Symbol('s')
>>> u = Symbol('u')
>>> t = Symbol('t')
>>> a = Symbol('a')
>>> expr = u*t + (1/2)*a*t*t - s
>>> t_expr = solve(expr,t, dict=True)
>>> pprint(t_expr)
```

结果的形式如下：

$$\left[\left\{ t: \frac{-u + \sqrt{2.0as + u^2}}{a} \right\}, \left\{ t: \frac{-\left(u + \sqrt{2.0as + u^2}\right)}{a} \right\} \right]$$

现在我们得到了 t 的表达式（由标签 t_expr 指代），我们可以通过 subs()函数代入 s、u 和 a 的值，并得到 t 的两个可能值。

4.3.3 解线性方程组

考虑下面两个方程：

$$2x + 3y = 6$$
$$3x + 2y = 12$$

假如我们要找到同时满足这两个方程的一对值 (x, y)，可以通过 solve()函数实现。

首先，我们定义两个符号并创建两个方程：

```
>>> x = Symbol('x')
>>> y = Symbol('y')
>>> expr1 = 2*x + 3*y - 6
>>> expr2 = 3*x + 2*y - 12
```

两个方程分别山表达式 cxpr1 和 expr2 定义，注意我们如何重新排列表达式，使它们都等于零（我们把给定方程的右边移到左边）。为了求解，我们将这两个表达式构成的元组作为参数，调用 solve()函数：

```
>>> solve((expr1, expr2), dict=True)
[{y: -6/5, x: 24/5}]
```

正如我前面提到的，方程的解作为一个字典返回在这里非常有用。我们可以看到 x 的值是 24/5，y 的值是−6/5。让我们来验证得到的解是否真的满足方程组。首先创建一个标签 soln，以指代我们求得的解，再使用 subs()函数将 x 和 y 代入两个表达式：

```
>>> soln = solve((expr1, expr2), dict=True)
>>> soln = soln[0]
>>> expr1.subs({x:soln[x], y:soln[y]})
0
>>> expr2.subs({x:soln[x], y:soln[y]})
0
```

两个表达式中代入 x 和 y 后得到的结果都是零。

4.4 用 SymPy 包绘图

在第 2 章中，我们学习了用已知的数据绘制图形。例如，为了绘制两物体间引力与物体之间距离的关系图，你必须计算每一个距离值对应的引力，并将包含引力和距离的列表传递给 matplotlib。与此不同的是，SymPy 可以直接绘制你创建的方程的图形。下面看看如何绘制方程 $y = 2x + 3$ 的图形：

```
>>> from sympy.plotting import plot
```

```
>>> from sympy import Symbol
>>> x = Symbol('x')
>>> plot(2*x+3)
```

我们要做的就是从 sympy.plotting 那里导入 plot 和 Symbol，创建一个符号 x，以函数表达式 2 * x+ 3 作为参数调用 plot() 函数，SymPy 则绘制出这个函数的图形，如图 4-1 所示。

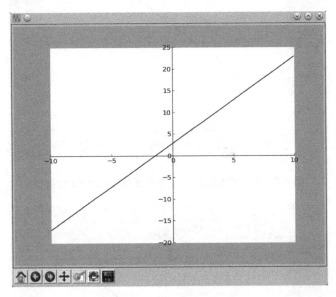

图 4-1 直线 $y=2x+3$ 的图形

图形显示的 x 值是默认自动选择的范围：−10 到 10。你可能会注意到，这里的窗口看起来非常类似于你在第 2 章和第 3 章中看到的窗口，这是因为 SymPy 在幕后使用 matplotlib 绘制图形。注意，我们没有调用 show() 函数显示图形，SymPy 会自动完成。

现在，假如你希望设置 x 的区间在−5 到 5 的范围内（而不是−10 到 10），方法如下：

```
>>> plot((2*x + 3), (x, -5, 5))
```

在这里，包含符号、范围的下限和上限的元组（x，−5, 5）作为 plot() 函数的第二个参数。现在，该图仅显示 x 在−5 和 5 之间的直线 $y=2x+3$ 的图形（参见图 4-2）。

你可以在 plot() 函数中使用其他关键字参数，如 title 输入标题，或分别以 xlabel 和 ylabel 标记 x 轴和 y 轴。以下的 plot() 函数设定了这三个关键字参数（参见图 4-3）：

```
>>> plot(2*x + 3, (x, -5, 5), title='A Line', xlabel='x', ylabel='2x+3')
```

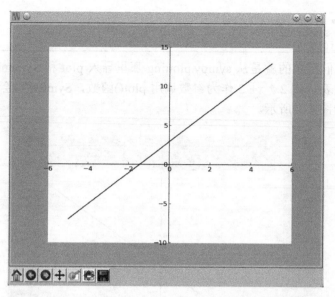

图 4-2 x 限制在范围 -5 到 5 的直线 $y = 2x + 3$ 的图形

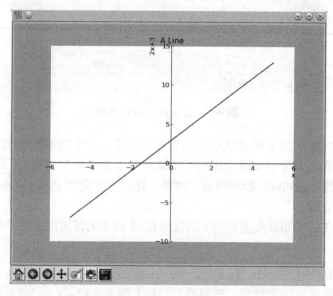

图 4-3 指定了 x 范围和其他具体属性的直线 $y = 2x + 3$ 图形

图 4-3 中有了标题、x 轴以及 y 轴上的标签。还可以通过 plot()函数的其他关键字参数指定其绘制图形的细节，show 参数可以控制是否显示图形，调用 plot()函数时设置 show=false 将不显示图形：

```
>>> p = plot(2*x + 3, (x, -5, 5), title='A Line', xlabel='x', ylabel='2x+3', show=False)
```

你会发现图形未被显示。标签 p 指代创建的图形对象，可以通过调用 p.show() 函数显示图形。还可以像下面这样，使用 save() 函数将图形保存为一个图像文件：

```
>>> p.save('line.png')
```

这将在当前目录中把图形对象保存为文件 line.png。

4.4.1 绘制用户输入的表达式

传递给 plot() 函数的表达式必须只包含 x。例如对于前面我们绘制的 $y = 2x + 3$，输入的绘图函数就只能是 $2x + 3$，如果表达式不是这种形式则必须重写它。当然，可以在程序执行前手动完成。但是如果需要编写一个程序，允许用户绘制任何表达式的图形，那该怎么办？假设用户输入类似 $2x + 3y - 6$ 的表达式，我们需要先转换它，solve() 函数能帮助我们实现转换。让我们看一个例子：

```
>>> expr = input('Enter an expression: ')
Enter an expression: 2*x + 3*y - 6
❶ >>> expr = sympify(expr)
❷ >>> y = Symbol('y')
>>> solve(expr, y)
❸ [-2*x/3 + 2]
```

在❶处，我们调用 sympify() 函数将输入表达式转化为一个 SymPy 对象，在❷处，我们创建一个 Symbol 对象 y，这样能告诉 SymPy 我们要为哪个变量解方程。然后将 y 作为第二个参数调用 solve() 函数，从而得到以 x 表示的 y 的解。在❸处得到根据 x 所表示的方程，也是我们绘图所需要的。

注意，由于这个最终表达式存储在一个列表中，因此在使用它之前，我们必须从列表中提取它：

```
>>> solutions = solve(expr, 'y')
❹ >>> expr_y = solutions[0]
>>> expr_y
-2*x/3 + 2
```

我们创建了一个标签 solutions，用来指代 solve() 函数返回的结果，它是一个只包含一项的列表，然后，我们在❹处提取那一项。现在，我们可以调用 plot() 函数绘制图形。下述代码显示了一个完整的图形绘制程序：

```
'''
Plot the graph of an input expression
'''

from sympy import Symbol, sympify, solve
from sympy.plotting import plot

def plot_expression(expr):

    y = Symbol('y')
    solutions = solve(expr, y)
```

```
        expr_y = solutions[0]
        plot(expr_y)

if __name__=='__main__':

    expr = input('Enter your expression in terms of x and y: ')

    try:
        expr = sympify(expr)
    except SympifyError:
        print('Invalid input')
    else:
        plot_expression(expr)
```

注意前面的程序包括 try...except 模块，用于检查无效的输入，与之前在 sympify()函数完成的类似。运行这个程序的，它会让你输入一个表达式，然后将相应的图形绘制出来。

4.4.2　多函数图形绘制

你可以输入多个表达式，并调用 SymPy 的 plot()函数在同一张图上绘制它们。例如，下面的代码可实现同时绘制两条线，如图 4-4 所示：

```
>>> from sympy.plotting import plot
>>> from sympy import Symbol
>>> x = Symbol('x')
>>> plot(2*x+3, 3*x+1)
```

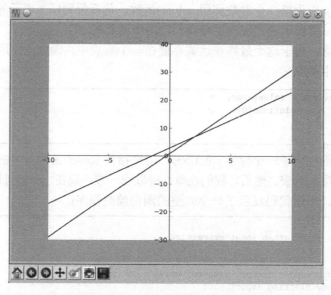

图 4-4　绘制在同一图形上的两条线

这个例子引出了 SymPy 和 matplotlib 在绘图方面的另一个差别。在这里，使用

SymPy 绘制的两条线的颜色是相同的，而 matplotlib 会自动为不同的线设置不同颜色。在 SymPy 中为每条线设置不同的颜色需要执行一些额外的步骤，如下面的代码所示，以下的代码同时也为图形增加了一个图例：

```
>>> from sympy.plotting import plot
>>> from sympy import Symbol
>>> x = Symbol('x')
❶ >>> p = plot(2*x+3, 3*x+1, legend=True, show=False)
❷ >>> p[0].line_color = 'b'
❸ >>> p[1].line_color = 'r'
>>> p.show()
```

在❶处，我们调用 plot()函数并以两条线的方程为参数，同时额外添加了两个关键字参数（legend 和 show）。通过将图例（legend）参数设置为 True，我们在图中成功添加一个图例，正如我们在第 2 章中看到的。但是请注意，图例中显示的文本与所绘制的表达式相匹配，不能指定任何其他文本。我们还设置了 show= False，因为我们需要在绘制图形之前设置线条的颜色。在❷处，p[0]指代第一条线 $2x+3$，我们设置其属性 line_color 为'b'，这意味着我们希望这条线是蓝色的；同样，我们使用字符串'r'将第二条线的颜色设置为红色（❸处）。最后，我们调用 show()函数显示图形（见图 4-5）。

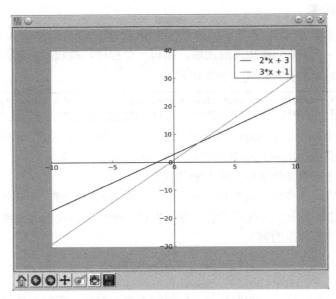

图 4-5　使用不同颜色绘制的两条线

除了红色和蓝色，还可以用绿色（green）、青色（cyan）、紫红色（magenta）、黄色（yellow）、黑色（black）和白色（white）绘制线条（使用每种颜色的第一个字母表示）。

4.5　本章内容小结

在这一章中，你学会了用 SymPy 处理符号数学问题的基础知识，包括如何声明符号，使用符号和数学运算符构造表达式，解方程和绘制图形。你将在后面的章节中学习更多 SymPy 的功能。

4.6　编程挑战

以下是本章的编程挑战，这些挑战可以帮助你进一步学以致用。你可以在 http://www.nostarch.com/doingmathwithpython/ 找到示例的解决方案。

#1：寻找因子

我们已经知道 factor() 函数可以输出一个表达式的因子，同时也知道如何处理用户输入的表达式。试着编写一个程序，提示用户输入一个表达式，计算它的因子并输出。使用异常处理让程序能够处理无效的输入。

#2：图形方程求解器

在本章中，你学会了如何编写一个程序，提示用户输入一个表达式，比如 $3x + 2y - 6$，并创建相应的图形。编写一个程序，接收用户输入的两个表达式，然后同时对它们进行绘图，如下所示：

```
>>> expr1 = input('Enter your first expression in terms of x and y: ')
>>> expr2 = input('Enter your second expression in terms of x and y: ')
```

现在，expr1 和 expr2 将存储由用户输入的两个表达式，你应在一个 try...except 模块中使用 sympify() 函数将它们都转换成 SymPy 对象。

接下来就是绘制出这两个表达式。

完成此操作后，增加程序的功能，输出方程组的解，即满足这两个方程的 x 和 y 值，这也是图上两线相交的地方（提示：想想之前我们如何使用 solve() 函数找到两个线性方程组的解）。

#3：级数求和

在 4.2.3 节中，我们学习了如何得到级数的和。那时我们通过循环迭代所有的级数项并将它们相加，下面是该程序中的一段代码：

```
for i in range(2, n+1):
    series = series + (x**i)/i
```

SymPy 的 summation() 函数可以直接用于此类求和。下面的示例输出我们之前讨论过的级数的前 5 个项的和：

```
>>> from sympy import Symbol, summation, pprint
>>> x = Symbol('x')
>>> n = Symbol('n')
❶ >>> s = summation(x**n/n, (n, 1, 5))
>>> pprint(s)
 5    4    3    2
x    x    x    x
-- + -- + -- + -- + x
5    4    3    2
```

在❶处，调用 summation() 函数，第一个参数是该级数的第 n 项表达式，第二个参数是一个表示 n 的取值范围的元组，我们需要前 5 个项的和，所以第二个参数是 $(n, 1, 5)$。

一旦得到了总和，就可以用 subs() 函数代入 x 的值，得到级数总和的具体数值：

```
>>> s.subs({x:1.2})
3.51206400000000
```

你的挑战是编写一个程序，在给定级数的第 n 项表达式和它的项数的情况下，能够计算该级数的和。下面是程序将如何执行的例子：

```
Enter the nth term: a+(n-1)*d
Enter the number of terms: 3
3·a + 3·d
```

在本例中，所提供的第 n 项是等差级数项。首项为 a，公差为 d，项数是 3，总和是 $3a + 3d$，与已知公式一致。

#4: 解单变量不等式

你已经学习了如何使用 SymPy 的 solve() 函数解方程，事实上 SymPy 也能够解单变量不等式，如 $x + 5 > 3$ 和 $\sin(x) - 0.6 > 0$。也就是说，除了等式以外，SymPy 可以解不等式，比如>、<等。这里的挑战就是创建一个函数 isolve()，接收任意不等式，计算并返回解。

首先，让我们了解帮助你实现此功能的 SymPy 函数。对于多项式、有理数和其他不等式，解不等式的函数可用作三个独立的函数。我们需要选择正确的函数来解对应的不等式，否则会出现错误。

多项式（polynomial）是一个代数表达式，由变量和系数组成，只涉及加法、减法和乘法运算，只有变量的正幂。多项式不等式的一个例子是 $x^2 + 4 < 0$。

为了解多项式不等式，使用 solve_poly_inequality() 函数：

```
>>> from sympy import Poly, Symbol, solve_poly_inequality
>>> x = Symbol('x')
❶ >>> ineq_obj = -x**2 + 4 < 0
❷ >>> lhs = ineq_obj.lhs
❸ >>> p = Poly(lhs, x)
❹ >>> rel = ineq_obj.rel_op
>>> solve_poly_inequality(p, rel)
```

```
[(-oo, -2), (2, oo)]
```

首先，在❶处创建一个不等式，$-x^2+4<0$，用标签 ineq_obj 指代这个表达式。然后，在❷处使用 lhs 属性提取不平等的左侧（$-x^2+4$）。下一步，在❸处创建 Poly 对象以指代在❷处提取的多项式，创建这一对象时传递的第二个参数代表变量 x 的 Symbol 对象，在❹处使用 rel 属性提取不等式对象的关系运算符。最后，调用 solve_poly_inequality()函数，该函数的参数分别为多项式对象 p 和 rel。程序以元组列表的形式返回解，每个元组表示不等式解的数字范围的下限和上限。这个不等式的解是所有小于−2 以及所有大于 2 的数。

有理式（rational expression）是分子和分母都是多项式的代数表达式。下面是一个有理不等式的例子：

$$\frac{x-1}{x+2} > 0$$

对有理不等式，使用 solve_rational_inequalities()函数求解：

```
>>> from sympy import Symbol, Poly, solve_rational_inequalities
>>> x = Symbol('x')
❶ >>> ineq_obj = ((x-1)/(x+2)) > 0
>>> lhs = ineq_obj.lhs
❷ >>> numer, denom = lhs.as_numer_denom()
>>> p1 = Poly(numer)
>>> p2 = Poly(denom)
>>> rel = ineq_obj.rel_op
❸ >>> solve_rational_inequalities([[((p1, p2), rel)]])
(-oo, -2) U (1, oo)
```

在❶处，创建一个有理不等式对象，然后使用 lhs 属性提取有理表达式。在❷处，使用 as_numer_denom()函数分离出分子和分母，并分别对应到标签 numer 和 denom，该函数返回一个包含分子和分母两个成员的元组。接着，创建两个多项式对象 p1 和 p2，分别表示分子和分母。最后提取关系运算符，调用 solve_rational_inequalities()函数，并将两个多项式对象（p1 和 p2）以及关系运算符传递给这个函数。

程序返回的解为$(-oo, -2) \cup (1, oo)$，其中 $\cup$ 表示两组解的并集（union），包括所有小于−2 的数字和所有大于 1 的数字（我们将在第 5 章中学习集合）。

最后，$\sin(x) - 0.6 > 0$ 是一个既不属于多项式也不属于有理式示不等式示例。这种情况下，使用 solve_univariate_inequality()函数求解：

```
>>> from sympy import Symbol, solve, solve_univariate_inequality, sin
>>> x = Symbol('x')
>>> ineq_obj = sin(x) - 0.6 > 0
>>> solve_univariate_inequality(ineq_obj, x, relational=False)
(0.643501108793284, 2.49809154479651)
```

创建一个不等式对象代表不等式 $\sin(x)-0.6 > 0$，然后调用 solve_univariate_inequality()函数，其中该函数中的前两个参数为不等式对象 ineq_obj 和 Symbol 对象 x，关键参数 relational= False 指定将该函数的解以集合的形式返回。对于这个不等式，程序将返回元组的第一个和第二个成员之间的所有数字（该不等式的解）。

提示：可能用到的函数

请记住，你的挑战是创建一个接收任意不等式的函数 isolve()，以及选择一个合适的在本节讨论过的函数来计算不等式并返回其解。下面的提示可能对实现这个函数非常有用。

is_polynomial()函数可用于检查表达式是否为多项式：

```
>>> x = Symbol('x')
>>> expr = x**2 - 4
>>> expr.is_polynomial()
True
>>> expr = 2*sin(x) + 3
>>> expr.is_polynomial()
False
```

is_rational_function()函数可以用来检查表达式是否是有理式：

```
>>> expr = (2+x)/(3+x)
>>> expr.is_rational_function()
True
>>> expr = 2+x
>>> expr.is_rational_function()
True
>>> expr = 2+sin(x)
>>> expr.is_rational_function()
False
```

sympify()函数可以将字符串形式的不等式转换为一个不等式对象：

```
>>> from sympy import sympify
>>> sympify('x+3>0')
x + 3 > 0
```

当你运行程序时，程序会提示用户输入一个不等式并输出求解结果。

第5章

集合与概率

这一章我们首先学习如何使程序理解并操作数集，然后学习集合如何帮助我们理解概率中的基本概念，最后我们将学习通过产生随机数来模拟随机事件。开始吧！

5.1 什么是集合？

集合（set）由不同对象组成，这些对象通常也被称为元素（element）或成员（member）。集合的两个特征使其不同于任何对象组合。首先，集合是"被明确定义的"，意味着问题"一个具体的对象在这个组合里吗？"总是有明确的（"是"或"否"）答案，答案通常基于某一规则或某些给定的标准。第二个特征是集合中的任意两个元素都是不同的。一个集合可以包含任何东西，如数字、人、事物、词语等。

接下来我们学习如何在 Python 中用 SymPy 对集合进行操作，同时也会介绍集合的一些基本属性。

5.1.1 构建集合

在数学符号中，可以将集合元素括在大括号中表示一个集合。例如，{2, 4, 6}表示一个以 2、4 和 6 为元素的集合。要在 Python 中创建集合，可以使用 SymPy 包中的 FiniteSet 类，如下所示：

```
>>> from sympy import FiniteSet
>>> s = FiniteSet(2, 4, 6)
>>> s
{2, 4, 6}
```

首先从 SymPy 导入 FiniteSet 类，然后通过传递集合元素作为参数来创建这个类的一个对象，我们用标签 s 指代刚刚新建的集合。

同一集合可以包含不同类型的数字，如整数、浮点数和分数：

```
>>> from sympy import FiniteSet
>>> from fractions import Fraction
>>> s = FiniteSet(1, 1.5, Fraction(1, 5))
>>> s
{1/5, 1, 1.5}
```

集合的基数（cardinality）是指该集合中元素的数目，可以通过 len()函数得到：

```
>>> s = FiniteSet(1, 1.5, 3)
>>> len(s)
3
```

判断数字是否在集合中

要判断一个数字是否为现有集合的元素，可以使用运算符 in。这一运算符询问 Python：“这个数在这个集合中吗？”如果数字属于集合，返回真（True），否则返回假（False）。比如，我们想判断 4 是否在前一个集合中，可以执行如下操作：

```
>>> 4 in s
False
```

因为 4 不在集合 s 中，所以运算结果返回了 False。

创建一个空集

如果要创建一个空集（empty set），即集合中没有任何元素或成员，那么创建一个没有参数的 FiniteSet 对象，该结果就是一个 EmptySet 对象：

```
>>> s = FiniteSet()
>>> s
EmptySet()
```

通过列表或元组创建集合

也可以通过将列表或元组作为参数传递给 FiniteSet 的方式创建集合：

```
>>> members = [1, 2, 3]
```

```
>>> s = FiniteSet(*members)
>>> s
{1, 2, 3}
```

此处，我们并不是直接将集合元素作为参数传递给 FiniteSet，而是先将集合元素存储在一个列表中，称列表为 members。然后，使用一种特殊的 Python 语法将此列表传递给 FiniteSet，该语法解释为：创建一个 FiniteSet 对象，将列表中的元素作为单独的参数传递，而不是作为列表传递。也就是说，这个方法创建一个 FiniteSet 对象等价于使用 FiniteSet(1,2,3)，当集合的元素是在程序运行中生成时，我们使用该语法。

集合重复与排序

Python 中的集合（如数学中的集合）忽略元素的任何重复，也不记下集合元素的顺序。例如，如果你要从一个列表中创建一个集合，该列表中某一数字多次出现，则该数字只会被添加到该集合中一次：

```
>>> from sympy import FiniteSet
>>> members = [1, 2, 3, 2]
>>> FiniteSet(*members)
{1, 2, 3}
```

这里，虽然我们传递的列表中含有两个数字 2，但数字 2 在从该列表创建的集合中只出现了一次。

在 Python 列表和元组中，每个元素以特定的顺序存储，但对集合来说并不总是这样。例如，我们可以通过如下迭代的方式输出集合的每个元素：

```
>>> from sympy import FiniteSet
>>> s = FiniteSet(1, 2, 3)
>>> for member in s:
        print(member)
2
1
3
```

当运行这段代码时，元素可能以任意顺序输出。这是因为集合在 Python 中的存储只考虑哪些元素在集合中，而不考虑这些元素的具体顺序。

再来看一个例子。如果两个集合的元素相同，我们称两个集合相等。在 Python 中，可以使用相等运算符（==）来判断两个集合是否相等：

```
>>> from sympy import FiniteSet
>>> s = FiniteSet(3, 4, 5)
>>> t = FiniteSet(5, 4, 3)
>>> s == t
True
```

虽然这两个集合中的元素以不同的顺序出现，但这两个集合仍然是相等的。

5.1.2 子集、超集与幂集

如果集合 s 中的所有元素也是另一个集合 t 的元素，则称集合 s 是集合 t 的子集

（subset）。例如，集合{1}是集合{1, 2}的子集。可以使用 is_subset()函数来判断一个集合是否是另一个集合的子集：

```
>>> s = FiniteSet(1)
>>> t = FiniteSet(1,2)
>>> s.is_subset(t)
True
>>> t.is_subset(s)
False
```

注意，空集是任意集合的子集，此外，任何集合也是其自身的一个子集，如下所示：

```
>>> s.is_subset(s)
True
>>> t.is_subset(t)
True
```

类似地，如果集合 t 包含另一个集合 s 中所有的元素，则称集合 t 是集合 s 的超集（superset）。可以使用 is_superset()函数来判断一个集合是否是另一个集合的超集：

```
>>> s.is_superset(t)
False
>>> t.is_superset(s)
True
```

集合 s 的幂集（power set）是 s 的所有子集构成的集合。任意集合 s，共有 $2^{|s|}$ 个子集，此处|s|是集合 s 的基数。例如，集合{1, 2, 3}的基数是 3，所以它有 2^3=8 个子集：{}（空集）、{1}、{2}、{3}、{1, 2}、{2, 3}、{1, 3}和{1, 2, 3}。

所有子集的集合构成幂集，可以使用 powerset()函数得到幂集：

```
>>> s = FiniteSet(1, 2, 3)
>>> ps = s.powerset()
>>> ps
{{1}, {1, 2}, {1, 3}, {1, 2, 3}, {2}, {2, 3}, {3}, EmptySet()}
```

幂集本身仍是一个集合，可以用 len()函数来得到它的基数：

```
>>> len(ps)
8
```

幂集的基数是 $2^{|s|}$，因此在这个例子中基数是 2^3=8。

基于子集的定义，任意两个包含完全相同元素的集合互为子集和超集。相比之下，集合 s 称为集合 t 的真子集（proper subset），仅当 s 的所有元素都在 t 中并且 t 中至少有一个元素不在 s 中。所以如果集合 t 包含了元素 1、2、3 以及至少另外一个不同于 1、2、3 的元素时，s = {1, 2, 3}才是 t 的真子集。这也意味着 t 是 s 的一个真超集（proper superset）。可以使用 is_proper_subset()和 is_proper_superset()函数来判断这两种关系：

```
>>> from sympy import FiniteSet
>>> s = FiniteSet(1, 2, 3)
>>> t = FiniteSet(1, 2, 3)
```

```
>>> s.is_proper_subset(t)
False
>>> t.is_proper_superset(s)
False
```

现在，我们重建集合 *t* 使其包含另外一个元素，现在 *s* 是 *t* 的真子集，*t* 是 *s* 的真超集：

```
>>> t = FiniteSet(1, 2, 3, 4)
>>> s.is_proper_subset(t)
True
>>> t.is_proper_superset(s)
True
```

常见的数集

在第 1 章里我们学习了不同类型的数字：整数、浮点数、分数和复数。所有这些数字组成了不同的数字集，它们都有特定的名称。

所有正的和负的整数组成了整数集。所有正整数构成了自然数集（有时 0 也包含在其中，尽管它不是正的，但有时也不包含在内），这意味着自然数集是整数集的一个真子集。

有理数集包含了任意可表达成分数的数字，其中包含所有整数、小数部分是有限或为无限循环的数（如 1/4 或 0.25、1/3 或 0.33333…等数字）。与此相对，小数部分是无限不循环数的称为无理数。例如，2 的平方根和π都是无理数，因为它们的小数位无限且不循环。

如果把所有有理数和无理数放到一起，就得到了实数集。比实数集更大的集合是复数集，包含所有实数以及所有含有虚数部分的数。

上述所有数集都是无限集，因为它们有无限个元素。与此相对，我们在这一章讨论的集合都只包含有限个元素，这也是为什么我们称所用的 SymPy 类为 FiniteSet（有限集合）的原因。

5.1.3 集合运算

集合运算（如并集、交集和笛卡儿积等）允许我们以特定的方式合并集合。当我们必须同时考虑多个集合时，这些集合运算在实际的问题解决中非常有用。在这一章后面部分，我们将看到如何使用这些运算，将公式应用到多个数据集合中并计算随机事件的概率。

并集和交集

两个集合的并集（union）是一个集合，它包含了两个集合中的所有不同元素。在集合论中，使用符号∪来表示并集运算。例如，{1, 2} ∪ {2, 3}的并集为{1, 2, 3}。在 SymPy 中，可以通过 union()函数得到两个集合的并集：

```
>>> from sympy import FiniteSet
>>> s = FiniteSet(1, 2, 3)
>>> t = FiniteSet(2, 4, 6)
>>> s.union(t)
{1, 2, 3, 4, 6}
```

通过对集合 s 应用 union 方法并将 t 作为参数传递, 可以得到集合 s 和 t 的并集, 其中包含了集合 s 和 t 的所有不同元素。换句话说, 并集中的每个元素都是前两个集合中的某一个元素或者是它们共同的元素。

两个集合的交集（intersection）生成一个包含两个集合共同元素的新集合。例如, 集合{1, 2}和{2, 3}的交集是一个仅包含一个共同元素{2}的新集合。数学上, 这个运算可记为{1, 2} ∩ {2, 3}。

在 SymPy 中, 可使用 intersect()函数得到交集：

```
>>> s = FiniteSet(1, 2)
>>> t = FiniteSet(2, 3)
>>> s.intersect(t)
{2}
```

并集运算是找到那些在一个集合或者在另一个集合中出现的元素, 而交集运算则是找到那些同时在两个集合中出现的元素, 这两种运算也可以应用于两个以上的集合。例如, 计算三个集合的并集：

```
>>> from sympy import FiniteSet
>>> s = FiniteSet(1, 2, 3)
>>> t = FiniteSet(2, 4, 6)
>>> u = FiniteSet(3, 5, 7)
>>> s.union(t).union(u)
{1, 2, 3, 4, 5, 6, 7}
```

类似地, 下面的语句告诉了我们如何计算三个集合的交集：

```
>>> s.intersect(t).intersect(u)
EmptySet()
```

集合 s、t 和 u 的交集是一个空集, 因为这三个集合没有共同的元素。

笛卡儿积

两个集合的笛卡儿积（Cartesian product）创建了一个集合, 该集合由从每个集合中提取一个元素所组成的所有可能对组成。例如, 集合{1, 2}和{3, 4}的笛卡儿积是{(1, 3), (1, 4), (2, 3), (2, 4)}。在 SymPy 中, 可以通过使用乘法运算符号来得到两个集合的笛卡儿积：

```
>>> from sympy import FiniteSet
>>> s = FiniteSet(1, 2)
>>> t = FiniteSet(3, 4)
>>> p = s*t
>>> p
{1, 2} x {3, 4}
```

这个运算得到了集合 s 和 t 的笛卡儿积, 结果存储为 p。为了具体地看到笛卡儿积中的每一对元素，我们可以按如下方式进行迭代并输出具体的元素：

```
>>> for elem in p:
        print(elem)
(1, 3)
(1, 4)
(2, 3)
(2, 4)
```

笛卡儿积中的每一对元素都是一个元组，包含着分别来自第一个集合和第二个集合的元素。

笛卡儿积的基数是两个集合各自基数的乘积。我们可以在 Python 中进行如下验证：

```
>>> len(p) == len(s)*len(t)
True
```

如果我们对一个集合应用指数运算（**），那么可以得到这个集合与它本身相乘指定次数的笛卡儿积。

```
>>> from sympy import FiniteSet
>>> s = FiniteSet(1, 2)
>>> p = s**3
>>> p
{1, 2} x {1, 2} x {1, 2}
```

这里的例子是计算集合 s 的二次幂。因为我们计算的是三个集合的笛卡儿积，因此这里给出了一个由来自于每一个集合的元素组成的所有可能的三元组的集合：

```
>>> for elem in p:
        print(elem)
(1, 1, 1)
(1, 1, 2)
(1, 2, 1)
(1, 2, 2)
(2, 1, 1)
(2, 1, 2)
(2, 2, 1)
(2, 2, 2)
```

计算集合的笛卡儿积对找到集合元素的所有可能组合是非常有帮助的，接下来我们将看到这一点。

对多个变量集合应用一个公式

考虑一个长度为 L 的单摆，这个单摆的时间周期 T（单摆完成一次完整摆动所花费的全部时间）由公式给出

$$T = 2\pi\sqrt{\frac{L}{g}}$$

这里 π 是数学常数，g 是当地重力加速度，在地球上近似等于 9.8m/s^2。由于 π 和 g 是常数，因此长度 L 是方程右侧唯一的变量。

如果你想知道一个单摆的时间周期是如何随其长度而变化的，就需要设定长度

的不同取值并用公式计算每个值对应的时间周期。一个经典的高中实验是将你使用上述公式计算得到的时间周期（理论结果）与你在实验室测量的时间（实验结果）进行比较。例如，选择 5 个不同的值（均以厘米为单位）：15，18，21，22.5，25。使用 Python，我们可以编写一个简短的程序来加速理论结果的计算：

```
  from sympy import FiniteSet, pi
❶ def time_period(length):
      g = 9.8
      T = 2*pi*(length/g)**0.5
      return T

  if __name__ == '__main__':
❷     L = FiniteSet(15, 18, 21, 22.5, 25)
      for l in L:
❸         t = time_period(l/100)
          print('Length: {0} cm Time Period: {1:.3f} s'. format(float(l), float(t)))
```

我们首先在❶处定义 time_period()函数，这个函数把单摆的时间周期公式应用于一个给定的长度值，该长度值通过参数 length 传递。然后，程序在❷处定义了一个长度集合，并在❸处将 time_period()函数应用于长度集合中的每一个长度值。你可能已经注意到，我们将长度值传递到 time_period()函数时，将长度值都除以了100。此操作将长度值从以厘米为单位转换成了以米为单位，从而使之与重力加速度的单位（m/s^2）相匹配。最后输出计算所得的时间周期。在运行程序时，将看到如下输出：

```
Length: 15.0 cm Time Period: 0.777 s
Length: 18.0 cm Time Period: 0.852 s
Length: 21.0 cm Time Period: 0.920 s
Length: 22.5 cm Time Period: 0.952 s
Length: 25.0 cm Time Period: 1.004 s
```

不同的重力，不同的结果

现在，想象一下我们在三个不同的地方进行了这个实验：澳大利亚布里斯班（我目前的位置）、北极和赤道。地心引力根据你所在位置的纬度不同而稍有差异：在赤道处稍微偏低（$9.78m/s^2$），而在北极则偏高一些（$9.83m/s^2$）。这表明我们可以在上述公式中将重力加速度视为一个变量，而不是一个常数，然后计算三个不同重力加速度值{9.8, 9.78, 9.83}下的结果。

如果我们想在这三个位置分别计算 5 个长度下的单摆周期，一个系统化地计算这些值的组合的方法是使用笛卡儿积，如下述程序所示：

```
from sympy import FiniteSet, pi

def time_period(length, g):

    T = 2*pi*(length/g)**0.5
    return T

if __name__ == '__main__':
```

```
        L = FiniteSet(15, 18, 21, 22.5, 25)
        g_values = FiniteSet(9.8, 9.78, 9.83)
❶       print('{0:^15}{1:^15}{2:^15}'.format('Length(cm)', 'Gravity(m/s^2)', 'Time Period(s)'))
❷       for elem in L*g_values:
❸           l = elem[0]
❹           g = elem[1]
            t = time_period(l/100, g)

❺           print('{0:^15}{1:^15}{2:^15.3f}'.format(float(l), float(g), float(t)))
```

在❷处，我们取两个变量集合（L 和 g_values）的笛卡儿积，并对笛卡儿积得到的每个组合进行迭代以计算时间周期。每个组合用一个元组表示，对每个元组，在❸处提取其第一个值（长度），在❹处提取其第二个值（重力加速度），然后，和之前一样，调用 time_period()函数。将提取的两个值作为参数进行计算，最后输出长度（l）、重力（g）和相应的时间周期（T）。

为了简单易读，我们将输出结果显示在一个表格中。表格由❶和❺处的 print 语句编排。编排字符串{0:^15}{1:^15}{2:^15.3f}创建了三个区域，每个区域有 15 个空格宽，符号^使显示结果在区域内居中。在❺处 print 语句中的最后一个字段中，'.3f'表示将小数点后的位数限制为 3。

运行程序后将看到如下结果：

Length(cm)	Gravity(m/s^2)	Time Period(s)
15.0	9.78	0.778
15.0	9.8	0.777
15.0	9.83	0.776
18.0	9.78	0.852
18.0	9.8	0.852
18.0	9.83	0.850
21.0	9.78	0.921
21.0	9.8	0.920
21.0	9.83	0.918
22.5	9.78	0.953
22.5	9.8	0.952
22.5	9.83	0.951
25.0	9.78	1.005
25.0	9.8	1.004
25.0	9.83	1.002

这个实验展示了一种简单情形，即当你需要多个集合（或一组数字）的元素的所有可能组合时，笛卡儿积正是你所需要的。

5.2 概率

我们可以使用集合对概率论中的基本概念进行解释，先从下面几个定义开始：

试验（experiment）：简单来说就是我们要做的某种探索行为。我们要做试验是因为对试验的每个可能结果的概率感兴趣。掷骰子、掷硬币、从一副扑克牌中抽一张牌都可以看作试验。试验的一次实施可称为一次尝试（trial）。

样本空间（sample space）：一个试验的所有可能结果构成的集合称为样本空间。在公式中，通常用 S 表示样本空间。例如，如果掷一个 6 面骰子一次时，样本空间为{1, 2, 3, 4, 5, 6}。

事件（event）：就是我们希望计算概率的那些试验结果的集合，即样本空间的子集。例如，我们可能希望知道某个特定结果的概率，如掷出一个 3，或多个结果的集合的概率，如掷出一个偶数（2、4 或 6）。在公式中我们用字母 E 来表示一个事件。

若有一个均匀分布，即如果样本空间中的每个结果发生的可能性相同，那么一个事件发生的概率 P(E)可由公式计算（稍后将介绍非均匀分布）：

$$P(E) = \frac{n(E)}{n(S)}$$

其中，n(E)和 n(S)分别是事件集合 E 和样本空间 S 的基数。P(E)在 0 到 1 上取值，值越大表示事件发生的可能性越大。

我们将此公式应用到掷骰子的问题中来计算一个特定结果，比如说掷出 3 的概率：

$$S = \{1, 2, 3, 4, 5, 6\}$$
$$E = \{3\}$$
$$n(S) = 6$$
$$n(E) = 1$$
$$P(E) = 1/6$$

这证实了一个明显的事实：掷骰子掷出一个特定结果的概率是 1/6。你可以很容易地在头脑中进行计算，但我们也可以在 Python 中使用上述公式编写如下函数来计算样本空间（标签为 space）中任意事件（标签为 event）的概率：

```
def probability(space, event):
    return len(event)/len(space)
```

在这个函数中，不需要使用 FiniteSet()函数创建参数 space 和 event，即样本空间和事件，它们也可以是列表或任意其他支持函数 len()的 Python 对象。

使用此函数，可以编写一个程序来计算掷一个 20 面骰子时质数出现的概率：

```
def probability(space, event):
    return len(event)/len(space)

❶ def check_prime(number):
    if number != 1:
        for factor in range(2, number):
            if number % factor == 0:
                return False
    else:
        return False
    return True

if __name__ == '__main__':
❷    space = FiniteSet(*range(1, 21))
    primes = []
    for num in s:
❸        if check_prime(num):
            primes.append(num)
❹    event= FiniteSet(*primes)
```

```
p = probability(space, event)

print('Sample space: {0}'.format(space))
print('Event: {0}'.format(event))
print('Probability of rolling a prime: {0:.5f}'.format(p))
```

首先在❷处使用 range()函数定义一个表示样本空间的集合 space。为创建事件集，需要从样本空间中找出质数，所以我们在❶处定义了 check_prime()函数，这个函数取一个整数并判断其是否可被 2 和它自身之间的任意整数除尽（余数为 0），如果是则返回 False。因为质数仅能被 1 和它自身整除，故如果一个整数是质数，则check_prime()函数返回 True，否则返回 False。

我们在❸处调用 check_prime()函数对样本空间中的每个数字进行判断，并把质数添加到一个列表 primes 中。然后我们在❹处使用该列表创建事件集 event。最后调用之前定义的 probability()函数。运行上述程序可以得到下述结果：

```
Sample space: {1, 2, 3, ..., 18, 19, 20}
Event: {2, 3, 5, 7, 11, 13, 17, 19}
Probability of rolling a prime: 0.40000
```

这里 $n(E) = 8$，$n(S) = 20$，所以概率 P 是 0.4。

在 20 面骰子程序中，事实上我们不需要创建集合，只需要调用 probability()函数，将样本空间和事件作为列表形式的参数即可：

```
if __name__ == '__main__':
    space = range(1, 21)
    primes = []
    for num in space:
        if check_prime(num):
            primes.append(num)
    p = probability(space, primes)
```

在这种情形下，probability()函数仍然可以很顺利地执行。

5.2.1 事件 *A* 或事件 *B* 发生的概率

假设我们对两个可能的事件感兴趣，并希望计算至少有一个事件发生的概率。例如，回到掷骰子问题中，考虑如下两个事件：

A=出现质数。

B=出现奇数。

如前所述，样本空间 *S*= {1, 2, 3, 4, 5, 6}。事件 *A* 表示为样本空间中的质数集合 {2, 3, 5}，事件 *B* 表示为样本空间中的奇数集合{1, 3, 5}。为了计算至少有一个事件发生的概率，可以通过计算两个集合的并集发生的概率来实现。用符号可以表示为：

$$E = \{2, 3, 5\} \ \cup \ \{1, 3, 5\} = \{1, 2, 3, 5\}$$

$$P(E) = \frac{n(E)}{n(S)} = \frac{4}{6} = \frac{2}{3}$$

可以在 Python 中实现这个计算：

```
>>> from sympy import FiniteSet
>>> s = FiniteSet(1, 2, 3, 4, 5, 6)
>>> a = FiniteSet(2, 3, 5)
>>> b = FiniteSet(1, 3, 5)
❶ >>> e = a.union(b)
>>> len(e)/len(s)
0.6666666666666666
```

首先创建一个集合 s，用来表示样本空间，接着创建集合 a 和 b。然后在❶中，使用 union() 函数得到事件集 e。最后使用前面的公式计算两个集合的并集发生的概率。

5.2.2　事件 *A* 与事件 *B* 同时发生的概率

假设要计算两个事件同时发生的概率，例如，掷骰子出现的结果既是质数又是奇数的概率，这种情况下，需要计算两个事件集交集发生的概率：

$$E = A \cap B = \{2, 3, 5\} \cap \{1, 3, 5\} = \{3, 5\}$$

我们可以通过 intersect() 函数计算事件 *A* 和事件 *B* 同时发生的概率，与前一个示例类似：

```
>>> from sympy import FiniteSet
>>> s = FiniteSet(1, 2, 3, 4, 5, 6)
>>> a = FiniteSet(2, 3, 5)
>>> b = FiniteSet(1, 3, 5)
>>> e = a.intersect(b)
>>> len(e)/len(s)
0.3333333333333333
```

5.2.3　生成随机数

概率概念让我们对事件发生的可能性进行推理和计算，为了在实际中能使用计算机程序模拟类似于掷骰子游戏的事件，我们需要一种生成随机数的方法。

掷骰子模拟

为了模拟一个 6 面的骰子，我们需要一种方法来随机生成 1 到 6 之间的整数。Python 的标准库中的 random 模块给我们提供了各种函数来生成随机数，在这一章我们将用到其中两个函数：一个是 randint() 函数，它在给定范围内生成一个随机整数；另一个是 random() 函数，它生成一个 0 和 1 之间的浮点数。我们通过一个简单的例子来了解一下 randint() 函数是如何工作的：

```
>>> import random
>>> random.randint(1, 6)
4
```

randint() 函数将两个整数作为输入参数，返回一个介于这两个整数之间（包含两端的整数）的随机整数。在上面的程序中，我们把范围（1，6）传递给函数，它返回了数字 4，但是如果我们再次调用它，很可能得到一个不同的数字：

```
>>> random.randint(1, 6)
6
```

调用 randint()函数可以模拟真实的掷骰子游戏。每次调用这个函数，可以得到一个介于 1 和 6 之间的整数，就像我们掷一个实际的 6 面骰子一样。注意，randint() 函数要求你先提供较小的数字，所以 randint(6,1)是无效的。

能掷出某个数来吗？

下面的程序将模拟一个掷骰子游戏，在这个游戏中，我们将持续掷一个 6 面骰子，直到掷出数的总和超过 20 为止：

```
'''
Roll a die until the total score is 20
'''

import matplotlib.pyplot as plt
import random

target_score = 20

def roll():
    return random.randint(1, 6)

if __name__ == '__main__':
    score = 0
    num_rolls = 0
    while score < target_score:
        die_roll = roll()
        num_rolls += 1
        print('Rolled: {0}'.format(die_roll))
        score += die_roll

    print('Score of {0} reached in {1} rolls'.format(score, num_rolls))
```

❶

首先，我们定义一个与之前创建过的相同的函数 roll()。然后我们在❶中使用 while 循环调用这个函数，记录掷出的数，输出当前的分数并与总分数相加。重复该循环直到总数超过 20，这时程序输出总数以及掷骰子的次数。

下面是一次运行的例子：

```
Rolled: 6
Rolled: 2
Rolled: 5
Rolled: 1
Rolled: 3
Rolled: 4
Score of 21 reached in 6 rolls
```

如果你多次运行这个程序，你会发现要实现总数超过 20，所需的掷骰子的次数在不断变化。

目标总数是可能的吗？

我们的下一个程序是类似的，但它将告诉我们一个特定的目标总数是否可以在

最多掷多少次骰子的限定下达到:

```
from sympy import FiniteSet
import random

def find_prob(target_score, max_rolls):

    die_sides = FiniteSet(1, 2, 3, 4, 5, 6)
    # Sample space
❶    s = die_sides**max_rolls
    # Find the event set
    if max_rolls > 1:
        success_rolls = []
❷        for elem in s:
            if sum(elem) >= target_score:
                success_rolls.append(elem)
    else:
        if target_score > 6:
❸            success_rolls = []
        else:
            success_rolls = []
            for roll in die_sides:
❹                if roll >= target_score:
                    success_rolls.append(roll)
❺    e = FiniteSet(*success_rolls)
    # Calculate the probability of reaching target score
    return len(e)/len(s)

if __name__ == '__main__':

    target_score = int(input('Enter the target score: '))
    max_rolls = int(input('Enter the maximum number of rolls allowed: '))
    p = find_prob(target_score, max_rolls)
    print('Probability: {0:.5f}'.format(p))
```

　　运行这个程序时,它首先询问目标总数和允许的最大投掷次数并将它们作为输入参数,然后输出能完成这一任务的概率。

　　下面是两次执行的结果:

```
Enter the target score: 25
Enter the maximum number of rolls allowed: 4
Probability: 0.00000

Enter the target score: 25
Enter the maximum number of rolls allowed: 5
Probability: 0.03241
```

　　让我们看一下概率计算函数 find_prob() 是如何工作的。这里的样本空间是笛卡儿积的集合 die_sides$^{max\_rolls}$ (❶处),其中 die_sides 是集合{1, 2, 3, 4, 5, 6},表示 6 面骰子上的数,max_rolls 表示允许的最大掷骰子次数。

　　事件集合是样本空间中帮助我们取得目标总数的所有集合。这里有两种情形:剩余的投掷次数大于 1 和我们只有最后一次投掷机会。对于第一种情形,在❷处,我们迭代笛卡儿积的每一个元组,如果元组的总和等于或大于 target_score,则将该元组添加到 success_rolls 列表中。第二种情形比较特殊,我们的样本空间是集合{1,

2, 3, 4, 5, 6}，只剩下一次掷骰子的机会。如果目标分数大于 6，则不可能达到该目标，因此我们在❸处将 success_rolls 设定为空集。然而，若 target_score 小于或等于6，我们将迭代每一个可能的投掷数，并在❹处将大于或等于 target_score 的投掷数添加到 success_rolls 列表中。

在❺处，我们从之前构建的 success_rolls 列表得到事件集 e，然后返回得到目标分数的概率。

5.2.4 非均匀随机数

目前为止，我们对概率的讨论都假设了样本空间中的每个结果发生的可能性相同。例如，random.randint()函数返回指定范围内的一个整数，并假设每个整数被返回的可能性相同，我们称这种概率为均匀概率（uniform probability），并将 randint()函数生成的随机数称为均匀随机数。然而，假设我们要模拟投掷一个不均匀的硬币，这个硬币正面出现的概率是反面出现的概率的两倍，这时就需要一种生成非均匀随机数的方法了。

在编写程序实现该方法之前，我们先看一下生成非均匀随机数的思路。

考虑数轴上的 0 到 1 区间，等分该区间，如图 5-1 所示。

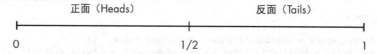

图 5-1　数轴上 0-1 区间被等分，对应于掷硬币实验正反两面出现的概率

我们视这条线为概率数轴，每一部分表示一个等可能性的结果，好比投掷均匀硬币的正面或反面。现在，在图 5-2 中，考虑这个数轴的一个不同版本。

图 5-2　数轴上 0-1 区间被不等分割，对应于掷不均匀硬币实验正反两面出现的概率

这里，正面对应的部分是总长度的 2/3，反面对应的部分是总长度的 1/3。这代表了一个硬币的情形，它可能在 2/3 的投掷次数中出现正面，在 1/3 的投掷次数中出现反面。考虑到正面或反面出现的概率不相等，下面的 Python 函数模拟了这样掷硬币：

```
import random

def toss():
    # 0 -> Heads, 1-> Tails
❶   if random.random() < 2/3:
        return 0
```

```
    else:
        return 1
```

假设函数返回 0 表示硬币正面出现，返回 1 表示反面出面，那么我们可以在❶处使用 random.random()函数生成 0 到 1 之间的随机数。如果生成的随机数小于 2/3（用不均匀的硬币掷出正面的概率），程序返回 0，否则返回 1（反面出现）。

现在我们考虑如何推断之前的函数来模拟具有多个可能结果的非均匀事件。设想有一个虚拟的 ATM 机，当按下其按钮时，可以分发出一张 5 美元、10 美元、20美元或 50 美元的钞票。不同面额的钞票有不同的分发概率，如图 5-3 所示：

图 5-3 数轴上长度为 1 的区间被分成 4 个不同长度的子区间，这 4 个区间对应于不同面额的分发概率

这里，面额为 5 美元或 10 美元的钞票被分发的概率都是 1/6，面额为 20 美元或 50 美元的钞票被分发的概率是 1/3。

我们创建一个列表来存储概率的滚动和，然后生成一个介于 0 和 1 之间的随机数。从存储概率和的列表的左端开始，返回该列表的第一个索引，其对应的和小于或等于生成的随机数。get_index()函数实现了这一想法：

```
'''
Simulate a fictional ATM that dispenses dollar bills
of various denominations with varying probability
'''

import random

def get_index(probability):
    c_probability = 0
❶   sum_probability = []
    for p in probability:
        c_probability += p
        sum_probability.append(c_probability)
❷   r = random.random()
    for index, sp in enumerate(sum_probability):
❸       if r <= sp:
            return index
❹   return len(probability)-1

def dispense():

    dollar_bills = [5, 10, 20, 50]
    probability = [1/6, 1/6, 1/3, 1/3]
    bill_index = get_index(probability)
    return dollar_bills[bill_index]
```

我们将一个列表作为输入参数来调用 get_index()函数，该列表包含相应位置的事件发生的概率。在❶处，我们构造了列表 sum_probability，其中第 i 个元素是列表 probability 的前 i 个元素之和。也就是说，sum_probability 的第一个元素等于 probability 的第一个元素，第二个元素等于 probability 的前两个元素之和，依此类推。在❷处，用标签 r 指代生成的一个介于 0 和 1 之间的随机数。接下来，我们遍历 sum_probability 并返回第一个超过 r 的元素的索引。

函数的最后一行（❹处），处理了一种特殊情形，最好通过一个例子来说明其原理。考虑有三个事件的列表，每个事件的发生的百分比为 0.33。这种情形下，列表 sum_probability 可表达成[0.33,0.66,0.99]。现在假设生成的随机数 r 是 0.99314。对这个 r 值，我们希望选择事件列表中的最后一个元素。你可能会说，这并不正确，因为这样一来最后一个事件被选中的可能性大于 0.33。按照❸处的条件，sum_probability 中没有大于 r 的元素，因此函数根本不会返回任何索引。❹处语句处理了这种情形，并返回最后一个索引。

如果调用 dispense()函数模拟由 ATM 机分发的大量钞票，你将看到每种钞票出现的次数的比例严格遵循其指定的概率。下一章我们将看到在创建分形时这一技巧非常有用。

5.3 本章内容小结

在这一章，你首先学习了如何在 Python 中表示一个集合。接着，我们讨论了各种集合概念，如并集、交集和笛卡儿积，并应用了一些集合概念来探索概率的基础知识。最后，学习了如何在程序中模拟均匀和非均匀随机事件。

5.4 编程挑战

以下是本章的编程挑战，利用这个机会应用一下你在这一章学到的内容吧。

#1：使用文氏图来可视化集合之间的关系

文氏图（Venn diagram）是指通过图形来观察集合之间关系的简单方法，它可以告诉我们两个集合之间有多少共同的元素，有多少元素只在其中一个集合中。考虑一个集合 A，它表示小于 20 的正的奇数的集合，即 A = {1, 3, 5, 7, 9, 11, 13, 15, 17, 19}，考虑另一个集合 B，它表示小于 20 的质数，即 B = {2, 3, 5, 7, 11, 13, 17, 19}。我们可以在 Python 中使用 matplotlib_venn 包（这个包的安装说明见附录 A）绘制文氏图，安装好 matplotlib_venn 包后，就可以如下绘制文氏图：

```
'''
Draw a Venn diagram for two sets
'''

from matplotlib_venn import venn2
import matplotlib.pyplot as plt
```

```
from sympy import FiniteSet

def draw_venn(sets):

    venn2(subsets=sets)
    plt.show()
if __name__ == '__main__':

    s1 = FiniteSet(1, 3, 5, 7, 9, 11, 13, 15, 17, 19)
    s2 = FiniteSet(2, 3, 5, 7, 11, 13, 17, 19)

    draw_venn([s1, s2])
```

在导入所需要的模块、函数和类（venn2()函数、matplotlib.pyplot 和 FiniteSet 类）之后，我们要做的就是创建两个集合，并调用 venn2()函数，使用 subsets 关键字参数将集合指定为元组。

图 5-4 展示了使用上述程序创建的文氏图。集合 A 和 B 共享了 7 个公共元素，所以数字 7 显示在公共区域内。每一个集合也有自己独有的元素，即 3 和 1 分别显示在各自的区域内。图中集合下方的标签显示为集合符号 A 和 B，你也可以使用 set_labels 关键字参数设定自己想要的标签。

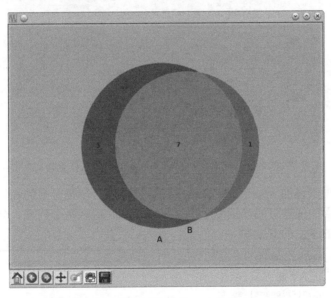

图 5-4　展示集合 A 和集合 B 的关系的文氏图

```
>>> venn2(subsets=(a,b), set_labels=('S', 'T'))
```

这个命令将把集合标签从 A 和 B 分别改成 S 和 T。

你可以自己挑战一下，假设你已经创建了一个在线调查问卷（询问你的同学），问卷中包括以下问题：你踢足球，还是做其他运动，或是不做运动？获得结果后，创建一个 CSV 文档 sports.csv，如下：

```
StudentID,Football,Others
1,1,0
2,1,1
3,0,1
--snip--
```

为班里的 20 名学生创建 20 个这样的行,第一列是学生 ID(该调查不是匿名的),如果学生选择了"足球"作为其爱好的运动,则第二列相应位置填 1,如果学生选择其他任何运动或不做运动,则在第三列相应位置填 1。编写一个程序来创建一个文氏图,以总结该调查的结果,如图 5-5 所示。

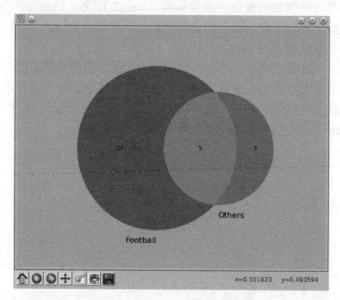

图 5-5 展示爱好玩足球和爱好其他运动的学生数量的文氏图

根据创建的 sports.csv 文档中的数据,每一个集合中的元素数量可能会有所不同。下面的函数可用来读取一个 CSV 文档并返回两个列表,分别是爱好足球和其他运动的学生的 ID:

```python
def read_csv(filename):
    football = []
    others = []
    with open(filename) as f:
        reader = csv.reader(f)
        next(reader)
        for row in reader:
            if row[1] == '1':
                football.append(row[0])
            if row[2] == '1':
                others.append(row[0])

    return football, others
```

#2：大数定律

我们之前用到了掷骰子和掷硬币这两个例子，例子中的随机事件可以用随机数来进行模拟。我们用事件来表示掷骰子时掷出的具体数字，或掷硬币时出现的正面或反面，每一个事件对应一个相关的概率值。在概率论中，一个随机变量（常用 X 表示）可用来描述随机事件。例如，$X = 1$ 描述了掷一次骰子出现数字 1 的事件，用 $P(X = 1)$ 表示相应的概率。有两种类型的随机变量：离散型随机变量，它只取整数值，是我们在这一章中看到的唯一一种随机变量；连续型随机变量，顾名思义，它可以取任意实数值。

离散型随机变量的期望 E 即为我们在第 3 章学习的平均值或均值，期望可以通过下式计算：

$$E = x_1 P(x_1) + x_2 P(x_2) + x_3 P(x_3) + \cdots + x_n P(x_n)$$

因此，对于一个 6 面骰子，掷一次骰子的期望值可以按如下方式计算：

```
>>> e = 1*(1/6) + 2*(1/6) + 3*(1/6) + 4*(1/6) + 5*(1/6) + 6*(1/6)
>>> e
3.5
```

根据大数定律，随着试验次数的增加，多次试验结果的平均值会越来越接近期望值。这一任务的挑战就是，分别在下列试验次数为 100、1000、10000、100000 和 500000 的情况下投掷 6 面骰子来验证大数定律的正确性。以下是你程序的一种可能运行结果：

```
Expected value: 3.5
Trials: 100 Trial average 3.39
Trials: 1000 Trial average 3.576
Trials: 10000 Trial average 3.5054
Trials: 100000 Trial average 3.50201
Trials: 500000 Trial average 3.495568
```

#3：掷多少次硬币会输光你的钱？

我们来考虑一个简单的掷均匀硬币的游戏。一个玩家在掷出正面时赢 1 美元，掷出反面时输 1.5 美元，当玩家的账户的余额为 0 时结束游戏。由使用者输入一个特定的起始数额值，你的挑战是编写一个模拟这个游戏的程序。假设你对手（计算机）的账户无金额限制。以下是一个可能的游戏过程：

```
Enter your starting amount: 10
Tails! Current amount: 8.5
Tails! Current amount: 7.0
Tails! Current amount: 5.5
Tails! Current amount: 4.0
Tails! Current amount: 2.5
Heads! Current amount: 3.5
Tails! Current amount: 2.0
```

```
Tails! Current amount: 0.5
Tails! Current amount: -1.0
Game over :( Current amount: -1.0. Coin tosses: 9
```

#4：洗牌

考虑一副标准的扑克牌（52 张）。你的挑战是编写一个程序模拟洗牌。简单起见，建议你使用整数 1，2，3，...，52 来表示这副牌。每次运行这个程序，它都会输出一组洗过的牌，在本例中，输出的是一个无序排列的整数列表。

以下是你程序的可能输出：

```
[3, 9, 21, 50, 32, 4, 20, 52, 7, 13, 41, 25, 49, 36, 23, 45, 1, 22, 40, 19, 2,
35, 28, 30, 39, 44, 29, 38, 48, 16, 15, 18, 46, 31, 14, 33, 10, 6, 24, 5, 43,
47, 11, 34, 37, 27, 8, 17, 51, 12, 42, 26]
```

Python 标准库的 random 模块有一个 shuffle()函数，可以准确地实现这个操作：

```
>>> import random
>>> x = [1, 2, 3, 4]
❶ >>> random.shuffle(x)
>>> x
[4, 2, 1, 3]
```

创建一个列表 x，包含数字[1,2,3,4]。然后，调用 shuffle()函数（❶处），将此列表作为参数输入，你将看到 x 中的数字的顺序被打乱了。

但是如何在扑克牌游戏中使用这个程序呢？这里，仅仅输出无序的整数列表是不够的，你还需要一种方法把这些整数还原成能认出具体花色以及大小的牌。方法之一是创建一个 Python 类来表示一张具体的牌：

```
class Card:
    def __init__(self, suit, rank):
        self.suit = suit
        self.rank = rank
```

为表示梅花 A，创建这张牌的对象，card1 – Card('clubs','ace')，然后，对所有其他牌都按照这样操作。接着，创建一个由每张牌的对象组成的列表，并无序排列这个列表。结果将是洗过的并能认出花色和大小的一副牌。程序的输出应该类似于如下内容：

```
10 of spades
6 of clubs
jack of spades
9 of spades
```

#5：估计一个圆的面积

考虑一个飞镖的靶盘，其外形是边长为 $2r$ 的正方形内部嵌着一个半径为 r 的圆。现在我们开始朝靶子掷大量的飞镖，其中有些飞镖落在圆的内部，假设有 N 个，其他飞镖将落在圆的外面，假设有 M 个。如果我们考虑落在圆内部飞镖的比例，

$$f = \frac{N}{N+M}$$

那么值 $f \times A$，此处 A 是正方形的面积，将大致等于圆的面积（见图 5-6）。在图中飞镖用小圆点表示。我们将 $f \times A$ 的值作为圆的面积的估计值，实际的面积当然是 πr^2。

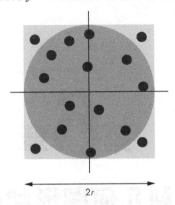

图 5-6　嵌在边长为 2r 的正方形中的半径为 r 的圆。圆点表示随机朝靶子投出的飞镖。

　　作为这个挑战的一部分，用上述方法编写一个程序，在给定半径的情况下，估算出圆的面积。程序应分别在给定的掷飞镖数目（10^3、10^5 和 10^6）下输出估算的面积值。这么多的飞镖！你将看到飞镖数量的增大使估算的面积值更加接近实际的面积值。以下是运行结束时的示例输出：

```
Radius: 2
Area: 12.566370614359172, Estimated (1000 darts): 12.576
Area: 12.566370614359172, Estimated (100000 darts): 12.58176
Area: 12.566370614359172, Estimated (1000000 darts): 12.560128
```

　　掷飞镖可以通过调用 random.uniform(a, b) 函数来模拟，该函数将返回一个介于 a 与 b 之间的随机数。在本例中，分别设置 a=0 和 b=2r（正方形的边长）。

估计 π 值

　　再次考虑图 5-6。正方形的面积是 $4r^2$，内嵌的圆的面积是 πr^2。如果我们用圆的面积除以正方形的面积，则结果是 $\pi/4$。前面已经计算过比值 f，即

$$f = \frac{N}{N+M}$$

可以看作 $\pi/4$ 的近似值，反过来也意味着

$$\frac{4N}{N+M}$$

应该接近于 π 值。你的下一个挑战是编写一个程序来估计 π 的值（假设任意给定的半径值）。当增加飞镖的数量时，π 的估计值应该会接近于已知的常数 π。

第**6**章
绘制几何图形和分形

在这一章，我们首先将学习 matplotlib 中的 patches，用它可以绘制各种几何图形，如圆、三角形和多边形。然后，我们将学习 matplotlib 的动画支持，并编写一个程序动态演示抛物轨迹。在最后一节中，我们将学习如何绘制分形图（一种重复应用简单的几何变换得到的复杂几何图形）。开始吧！

6.1 使用 matplotlib 的 patches 绘制几何图形

在 matplotlib 中，patches 可以用来绘制几何图形，图形的每一部分都可视为一个块（patch）。例如，为了把一个圆添加到绘图中，你可以指定圆的半径和圆心。这与我们之前使用 matplotlib 的方式非常不同，之前只需要提供绘制点的 x 坐标和 y 坐标即可。在使用 patches 的特点编写程序之前，我们需要先了解一下 matplotlib 是如何绘图的。考虑以下程序，其使用 matplotlib 绘制了三个点（1，1），（2，2），（3，3）：

```
>>> import matplotlib.pyplot as plt
>>> x = [1, 2, 3]
>>> y = [1, 2, 3]
```

```
>>> plt.plot(x, y)
[<matplotlib.lines.Line2D object at 0x7fe822d67a20>]
>>> plt.show()
```

这个程序创建一个 matplotlib 窗口，显示一条穿过给定的三个点的直线。在程序中，调用 plt.plot()函数会创建一个 Figure 对象，在该对象中创建了坐标系，最后在坐标系中绘制数据点（见图 6-1）。

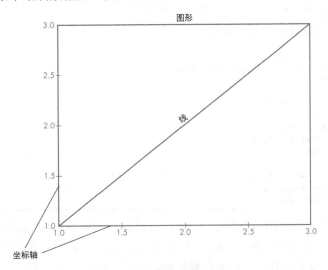

图 6-1 matplotlib 绘图框架

下面的程序重新绘制了这个图，只是这次我们明确创建了 Figure 对象并添加了坐标轴，而不只是调用 plot()函数并依赖它创建上述对象：

```
>>> import matplotlib.pyplot as plt
>>> x = [1, 2, 3]
>>> y = [1, 2, 3]
❶ >>> fig = plt.figure()
❷ >>> ax = plt.axes()
>>> plt.plot(x, y)
[<matplotlib.lines.Line2D object at 0x7f9bad1dcc18>]
>>> plt.show()
>>>
```

这里，我们在❶处使用 figure()函数创建 Figure 对象（fig），然后在❷处使用 axes()函数创建坐标轴。axes()函数同时也将坐标轴添加到 Figure 对象中。最后两行代码与之前的程序相同。这一次，当我们调用 plot()函数时，它会看到一个带有坐标系的 Figure 对象已经存在，因此直接根据提供的数据绘制图形。

除了手动创建 Figure 和 Axes 对象之外，还可以使用 pyplot 模块中的两个不同函数（gcf()函数和 gca()函数）来获取对当前 Figure 和 Axes 对象的引用。当调用 gcf()函数时，它返回当前 Figure 对象的引用；当调用 gca()函数时，它返回当前 Axes 对象的引用。这两个函数的都有一个有趣的特性：如果对象不存在，它们将分别创建相应的对象。当我们在本章中使用这些函数时，它们的工作原理将变得更加清晰。

6.1.1 绘制一个圆

为了绘制一个圆，你可以添加一个 Circle 块到当前 Axes 对象中，如下例所示：

```
'''
Example of using matplotlib's Circle patch
'''
import matplotlib.pyplot as plt

def create_circle():
❶    circle = plt.Circle((0, 0), radius = 0.5)
     return circle

def show_shape(patch):
❷    ax = plt.gca()
     ax.add_patch(patch)
     plt.axis('scaled')
     plt.show()

if __name__ == '__main__':
❸    c = create_circle()
     show_shape(c)
```

在这个程序中，我们将 Circle 块对象的创建和图中块的添加分成两个函数：create_circle()和 show_shape()。在 create_circle()函数中，我们创建一个圆心在(0, 0)且半径为 0.5 的圆，方法是在❶处创建一个 Circle 对象，将圆心坐标(0, 0)作为一个元组传递，并将半径 0.5 使用同名的关键字（radius）进行传递。create_circle()函数将返回创建的 Circle 对象。

为了使 show_shape()函数可以作用于任何 matplotlib 块，首先在❷处用 gca()函数获取对当前 Axes 对象的引用，接着使用 add_patch()函数添加传递给它的块，最后调用 show()函数展示图形。我们在这里使用了 scaled 参数调用 axis()函数，这个参数能告诉 matplotlib 自动调节数轴的取值范围，我们需要在所有用块自动调节数轴范围的程序中使用这个语句。当然，你也可以指定固定的取值界限，正如第 2 章所看到的那样。

在❸处，我们调用 create_circle()函数，并使用标签 c 指代其返回的 Circle 对象。然后，调用 show_shape()函数，将 c 作为参数输入。当运行程序时，你将看到一个 matplotlib 窗口显示的圆（见图 6-2）。

正如你看到的，这个圆看上去并不圆。这是由于自动宽高比决定了 x 轴和 y 轴的长度比例。如果在❷后插入语句 ax.set_aspect('equal')，你会发现这个圆将变得更加符合实际。set_aspect()函数用来设置图形的宽高比。使用 equal 参数可以使 matplotlib 将 x 轴和 y 轴的长度比设置为 1:1。

可以使用 ec 和 fc 关键字参数修改块中的边缘颜色和表面颜色（填充颜色）。例如：fc='g' 和 ec='r'将创建一个边缘颜色为红色和内部填充为绿色的圆。

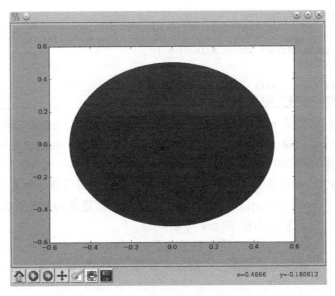

图 6-2 一个圆心在(0，0)且半径为 0.5 的圆

matplotlib 支持其他各种块，如椭圆（Ellipse）、多边形（Polygon）和矩形（Rectangle）。

6.1.2 创建动画图形

有时我们可能想要创建具有动态形状的图形，matplotlib 的动画支持可以帮我们做到这一点。后面我们将创建一个动画版本的抛物轨迹绘制程序。

首先看一个简单的例子，我们将绘制一个 matplotlib 图形，该图形从一个小的圆开始，无限地增长到某个半径（除非 matplotlib 窗口关闭）：

```
'''
A growing circle
'''

from matplotlib import pyplot as plt
from matplotlib import animation

def create_circle():
    circle = plt.Circle((0, 0), 0.05)
    return circle

def update_radius(i, circle):
    circle.radius = i*0.5
    return circle,

def create_animation():
    fig = plt.gcf()
    ax = plt.axes(xlim=(-10, 10), ylim=(-10, 10))
    ax.set_aspect('equal')
    circle = create_circle()
```

❶

```
❷    ax.add_patch(circle)
❸    anim = animation.FuncAnimation(
        fig, update_radius, fargs = (circle,), frames=30, interval=50)
     plt.title('Simple Circle Animation')
     plt.show()

if __name__ == '__main__':
    create_animation()
```

我们首先从 matplotlib 包中导入 animation 模块。create_animation()函数在这里执行了核心功能，在❶处它使用 gcf()函数获得当前 Figure 对象的引用，然后创建一个坐标系（x 轴和 y 轴的区间为−10 到 10）。在这之后，创建一个半径为 0.05、圆心在(0,0)的 Circle 对象，并在❷处将这个对象添加到当前坐标系下。然后，在❸处我们创建了 FuncAnimation 对象，它传递了将要创建的动画的数据。

（1）fig。它是当前 Figure 对象。

（2）update_radius。这个函数负责绘制每一帧。它需要两个参数——一个在调用时自动传递给它的帧编号，以及更新每一帧时的块对象。这个函数也必须返回一个块对象。

（3）fargs。这个元组包含所有（除了帧编号）要传递给 update_radius()函数的参数。如果没有要传递的此类参数，则不需要指定此关键字参数。

（4）frames。frames 指动画中的帧数，也是 update_radius()函数被调用的次数。这里，我们任意选取了 30 帧。

（5）interval。interval 指两帧之间的时间间隔（毫秒）。如果动画显示速度太慢，则减小这个值，否则增大这个值。

接下来我们使用 title()函数设置标题，最后用 show()函数显示图像。

如前所述，update_radius()函数负责更新在每一帧都会发生变化的圆的属性。这里我们设置半径为 $i*0.5$，其中 i 是帧编号。你将会看到每一帧逐渐增大的圆（共 30 帧），因此，最大的圆的半径是 15。因为坐标轴设置在−10 到 10 之间，这就出现了圆形超出图形范围之外的效果。运行程序时，你将看到第一个动画图形，如图 6-3 所示。

你会注意到动画会一直持续，直到关闭 matplotlib 窗口，这是默认情况，你可以在创建 FuncAnimation 对象时通过设置关键字参数 repeat=False 来改变此行为。

FuncAnimation 对象和持久化

你可能注意到在圆的动画的程序中，我们用标签 anim 来指代创建的 FuncAnimation 对象，即使我们不再在其他地方使用它。这是因为 matplotlib 当前的行为存在问题，它不存储任何对 FuncAnimation 对象的引用，使该对象容易受到 Python 中垃圾回收机制的影响，这意味着动画将不会被创建。我们可以通过创建一个标签指代这个对象来阻止这一问题的发生。更多关于这一问题的讨论，可以参考 https://github.com/matplotlib/matplotlib/issues/1656/。

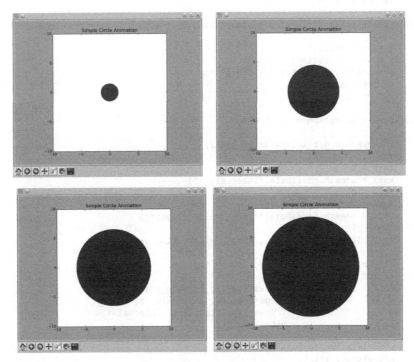

图 6-3　简单的圆的动画演示

6.1.3　抛物轨迹动画演示

　　在第 2 章中，我们绘制了一个球在抛物运动中的轨迹。这里，基于这个图像，使用 matplotlib 动画支持来制作轨迹动画，从而使得这一演示更接近于实际生活中看到的球的运动情况：

```
'''
Animate the trajectory of an object in projectile motion
'''

from matplotlib import pyplot as plt
from matplotlib import animation
import math

g = 9.8

def get_intervals(u, theta):

    t_flight = 2*u*math.sin(theta)/g
    intervals = []
    start = 0
    interval = 0.005
    while start < t_flight:
        intervals.append(start)
        start = start + interval
```

```
        return intervals

    def update_position(i, circle, intervals, u, theta):

        t = intervals[i]
        x = u*math.cos(theta)*t
        y = u*math.sin(theta)*t - 0.5*g*t*t
        circle.center = x, y
        return circle,

    def create_animation(u, theta):

        intervals = get_intervals(u, theta)

        xmin = 0
        xmax = u*math.cos(theta)*intervals[-1]
        ymin = 0
        t_max = u*math.sin(theta)/g
❶      ymax = u*math.sin(theta)*t_max - 0.5*g*t_max**2
        fig = plt.gcf()
❷      ax = plt.axes(xlim=(xmin, xmax), ylim=(ymin, ymax))

        circle = plt.Circle((xmin, ymin), 1.0)
        ax.add_patch(circle)
❸      anim = animation.FuncAnimation(fig, update_position,
                            fargs=(circle, intervals, u, theta),
                            frames=len(intervals), interval=1,
                            repeat=False)

        plt.title('Projectile Motion')
        plt.xlabel('X')
        plt.ylabel('Y')
        plt.show()

    if __name__ == '__main__':
        try:
            u = float(input('Enter the initial velocity (m/s): '))
            theta = float(input('Enter the angle of projection (degrees): '))
        except ValueError:
            print('You entered an invalid input')
        else:
            theta = math.radians(theta)
            create_animation(u, theta)
```

　　create_animation()函数有两个参数：u 和 theta，这两个参数对应于初始速度和抛射角度（θ），它们是程序的初始输入。get_intervals()函数用来获取时间间隔，据此可计算抛物运动的 x 和 y 坐标，这个函数是通过使用在第 2 章中用到的相同逻辑来实现的，那时我们实现了一个单独的 frange()函数。

　　为了给动画设置坐标轴界限，我们需要找到 x 和 y 的最小和最大值。最小值都是 0，即每一个坐标的初始值。x 坐标的最大值是球飞行结束时的坐标值，即列表 intervals 的最后一个时间间隔。y 坐标的最大值是当球处于飞行的最高点时的值，即在❶处，我们可以使用下面的公式来计算：

$$t = \frac{u\sin\theta}{g}$$

得到这些值后，我们在❷处创建坐标系，将合适的坐标界限作为输入参数。接下来的两个语句，我们在(xmin, ymin)处创建一个半径为 1.0 的圆来表示球(xmin 和 ymin 分别表示 x 和 y 轴的最小坐标值)，并将其添加到图形的 Axes 对象中。

接下来在❸处创建 FuncAnimation 对象，以当前的图形对象和以下参数作为输入。

(1) update_position。这个函数将更改每一帧中圆的圆心。这里的想法是为每个时间间隔创建一个新的帧，因此我们将帧的数量设置为时间间隔的大小(参见下面 frames 的描述)。我们在第 i 个时间间隔计算球在这一瞬间的 x 坐标和 y 坐标，并将圆心设置为这些值。

(2) fargs。update_position()函数需要使用时间间隔列表、间隔、初始速度和 theta，它们都需要通过此关键字参数指定。

(3) frames。因为我们将在每一个时间间隔绘制一帧，所以将帧的数目设置为 intervals 列表的大小。

(4) repeat。如同我们在第一个动画例子中所讨论的，默认情况下动画将无限重复。这里我们不希望看到这一点，所以将这个关键字设置为 False。

当运行程序时，它会询问初始输入然后创建动画，如图 6-4 所示。

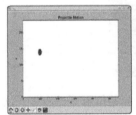  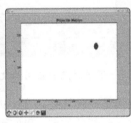 

图 6-4　抛物轨迹动画

6.2　绘制分形

分形是复杂的几何图案或形状，但却由非常简单的数学公式所生成。与圆形和矩形等几何图形相比，分形看上去并不规则，也没有明显的模式或描述。但如果仔细观察，你将发现模式的存在，即整个图形由无数个自身副本构成。由于分形涉及平面上点的相同几何变换的重复应用，因此非常适合用计算机程序来创建。这一章中，我们将学习如何绘制 Barnsley 蕨类植物、Sierpiński 三角和 Mandelbrot 集合(后两个出现在编程挑战中)，这些都是分形研究领域的常见例子。分形在自然界中比比皆是，常见的例子包括海岸线、树木和雪花。

6.2.1　平面上点的变换

创建分形的基本思想是点的变换。给定 x-y 平面上的一个点 P(x, y)，变换的一

个例子是 $P(x, y) \rightarrow Q(x+1, y+1)$，这意味着应用变换后，创建了一个新点 Q，它位于点 P 向上和向右各一个单位处。如果以点 Q 作为起始点，将得到另一个点 R，它位于点 Q 向上和向右各一个单位处。假设起始点 P 位于（1，1），图 6-5 展示了这些点的位置。

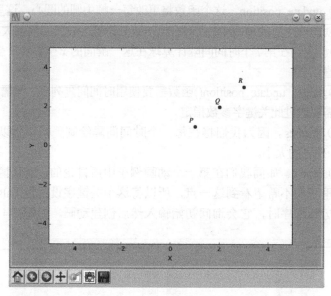

图 6-5　通过对点 P 应用两次迭代变换，得到的点 Q 和点 R

因此，变换是一种描述点在 x-y 平面上移动的规则，从起始位置开始，每一次迭代能使得点移动到新的位置。我们可以把变换想象成点在平面上的轨迹。现在换个思路，考虑两个变换规则，每次迭代将从这两个规则中随机选择一个。两个规则如下：

规则 1：$P1(x, y) \rightarrow P2(x+1, y-1)$

规则 2：$P1(x, y) \rightarrow P2(x+1, y+1)$

以 $P(1，1)$ 作为起始点，如果我们执行 4 次迭代，将得到以下一系列的点：

$P1(1,1) \rightarrow P2(2,0)$ 　　（规则 1）

$P2(2,0) \rightarrow P3(3,1)$ 　　（规则 2）

$P3(3,1) \rightarrow P4(4,2)$ 　　（规则 2）

$P4(4,2) \rightarrow P5(5,1)$ 　　（规则 1）

……

两个变换规则是随机选择的，其中每个规则被选择的概率相同。无论选择哪一个规则，点都会右移，因为在两种规则中都会增加 x 坐标。当点向右移动时，它们会向上或向下移动，从而形成了一条 Z 字形路径。以下程序绘制了在指定的迭代次数内进行上述转换规则之一时点的路径：

```
'''
Example of selecting a transformation from two equally probable
transformations
'''
import matplotlib.pyplot as plt
import random

def transformation_1(p):
    x = p[0]
    y = p[1]
    return x + 1, y - 1

def transformation_2(p):
    x = p[0]
    y = p[1]
    return x + 1, y + 1

def transform(p):
    # List of transformation functions
❶    transformations = [transformation_1, transformation_2]
    # Pick a random transformation function and call it
❷    t = random.choice(transformations)
❸    x, y = t(p)
    return x, y

def build_trajectory(p, n):
    x = [p[0]]
    y = [p[1]]
    for i in range(n):
        p = transform(p)
        x.append(p[0])
        y.append(p[1])
    return x, y

if __name__ == '__main__':
    # Initial point
    p = (1, 1)
    n = int(input('Enter the number of iterations: '))
❹    x, y = build_trajectory(p, n)
    # Plot
❺    plt.plot(x, y)
    plt.xlabel('X')
    plt.ylabel('Y')
    plt.show()
```

我们定义了两个函数 transformation_1()和 transformation_2()，分别对应于之前两个变换规则，在 transform()函数中，我们创建了一个包含这两个函数名字的列表（❶处），在❷处使用 random.choice()函数从该列表中选择其中一个进行变换。现在假设我们选择了其中一个变换，将点 P 作为输入参数调用该变换函数，在❸处分别用标签 x 和 y 存储变换后的点的坐标并返回它们。

从列表中随机选择一个元素

我们在第一个分形程序中看到的 random.choice()函数可以用来从列表中随机选择一个元素，每一个元素被选中的概率相同。下面是一个例子：

```
>>> import random
```

```
>>> l = [1, 2, 3]
>>> random.choice(l)
3
>>> random.choice(l)
1
>>> random.choice(l)
1
>>> random.choice(l)
3
>>> random.choice(l)
3
>>> random.choice(l)
2
```

这个函数也适用于元组和字符串。在后一种情形，函数从字符串中随机返回一个字符。

当运行程序时，它首先询问迭代次数 n，即应用变换的次数。然后在❹处调用 build_trajectory()函数，该函数的输入参数为 n 和初始点为 P，此处初始点设置为$(1$, $1)$。build_trajectory()函数重复调用 n 次 transform()函数，并使用两个列表 x 和 y 分别存储所有变换点的 x 和 y 坐标，最后，在❺处使用这两个列表绘制图形。

图 6-6 和图 6-7 分别展示了 100 次和 10000 次迭代的点的轨迹图，这两幅图中的 Z 字形运动都很明显，这种 Z 字形路径通常被称为一条线上的随机游走。

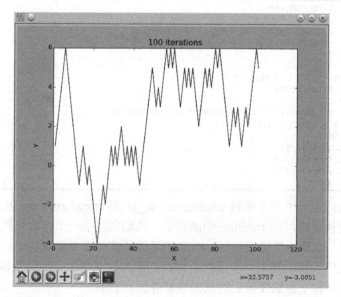

图6-6 起始点（1，1）经过 100 次随机选择的变换后的 Z 字形路径

这个例子展示了创建分形的基本思想，即从一个初始点开始并对其重复应用变换。接下来，我们将看到一个用相同想法绘制 Barnsley 蕨类植物的例子。

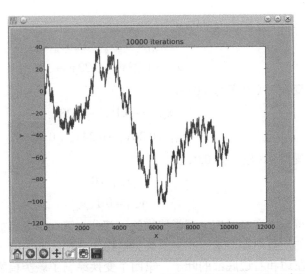

图6-7　起始点（1，1）经过 10000 次随机选择的变换后的 Z 字形路径

6.2.2　绘制 Barnsley 蕨类植物

　　英国数学家 Michael Barnsley 描述了如何对一个点进行重复的简单变换，从而创建类似蕨类植物的结构（如图 6-8 所示）。

图 6-8　蕨类植物 Lady[1]

　　他提出了以下步骤来创建类似蕨类植物的结构：以（0，0）为初始点，按事先分配的概率随机选择下述变换规则。

　　（1）变换 1（概率为 0.85）：

$$x_{n+1} = 0.85x_n + 0.04y_n$$
$$y_{n+1} = -0.04y_n + 0.85y_n + 1.6$$

1　Sanjay ach 绘制，来自 Wikimedia Commons，遵循 CC-BY-SA-3.0 共享协议。

（2）变换 2（概率为 0.07）：

$$x_{n+1} = 0.2x_n - 0.26y_n$$
$$y_{n+1} = 0.23y_n + 0.22y_n + 1.6$$

（3）变换 3（概率为 0.07）：

$$x_{n+1} = -0.15x_n - 0.28x_n$$
$$y_{n+1} = 0.26y_n + 0.24y_n + 0.44$$

（4）变换 4（概率为 0.01）：

$$x_{n+1} = 0$$
$$y_{n+1} = 0.16y_n$$

上述每一个变换对应于蕨类植物的一部分。第一个变换被选中的概率最大，因此被执行的次数最多，从而产生了蕨类植物的茎和底部的叶子。第二和第三个变换分别对应左边和右边底部的叶子，第四个变换绘制了蕨类植物的茎。

这是一个非均匀概率选择的例子，我们在第 5 章已经学习过。以下程序为指定的点数绘制 Barnsley 蕨类植物：

```
'''
Draw a Barnsley Fern
'''
import random
import matplotlib.pyplot as plt

def transformation_1(p):
    x = p[0]
    y = p[1]
    x1 = 0.85*x + 0.04*y
    y1 = -0.04*x + 0.85*y + 1.6
    return x1, y1

def transformation_2(p):
    x = p[0]
    y = p[1]
    x1 = 0.2*x - 0.26*y
    y1 = 0.23*x + 0.22*y + 1.6
    return x1, y1

def transformation_3(p):
    x = p[0]
    y = p[1]
    x1 = -0.15*x + 0.28*y
    y1 = 0.26*x + 0.24*y + 0.44
    return x1, y1

def transformation_4(p):
    x = p[0]
    y = p[1]
    x1 = 0
    y1 = 0.16*y
    return x1, y1

def get_index(probability):
    r = random.random()
    c_probability = 0
    sum_probability = []
    for p in probability:
```

```
        c_probability += p
        sum_probability.append(c_probability)
    for item, sp in enumerate(sum_probability):
        if r <= sp:
            return item
    return len(probability)-1

def transform(p):
    # List of transformation functions
    transformations = [transformation_1, transformation_2,
                          transformation_3, transformation_4]
❶   probability = [0.85, 0.07, 0.07, 0.01]
    # Pick a random transformation function and call it
    tindex = get_index(probability)
❷   t = transformations[tindex]
    x, y = t(p)
    return x, y

def draw_fern(n):
    # We start with (0, 0)
    x = [0]
    y = [0]

    x1, y1 = 0, 0
    for i in range(n):
        x1, y1 = transform((x1, y1))
        x.append(x1)
        y.append(y1)
    return x, y

if __name__ == '__main__':
    n = int(input('Enter the number of points in the Fern: '))
    x, y = draw_fern(n)
    # Plot the points
    plt.plot(x, y, 'o')
    plt.title('Fern with {0} points'.format(n))
    plt.show()
```

当运行此程序时，它首先询问蕨类植物图中指定的点的个数，然后开始绘制该图。图 6-9 和图 6-10 分别展示了具有 1000 和 10000 个点的蕨类植物图。

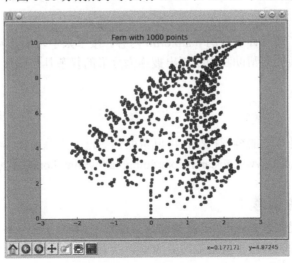

图 6-9　具有 1000 个点的蕨类植物图

图 6-10　具有 10000 个点的蕨类植物图

这 4 个变换规则分别在 transformation_1()、transformation_2()、transformation_3()和 transformation_4()函数中定义。在❶处定义一个列表表示 4 个规则被选择的概率，然后在 draw_fern()函数每次调用 transform()函数时在❷处选取其中一个规则来应用。

初始点（0，0）变换的次数即为程序输入中指定的蕨类植物图中点的个数。

6.3　本章内容小结

在这一章，我们首先学习了如何绘制基本的几何图形以及动画展示，在这个过程中我们了解了许多新的 matplotlib 内容。接下来学习了几何变换，并看到了重复、简单的变换如何帮助我们绘制出被称为分形的复杂几何图形。

6.4　编程挑战

以下是本章的编程挑战，可以帮助你更进一步练习在本章所学到的内容。你可以在网站 http://www.nostarch.com/doingmathwithpython/找到示例的解决方案。

#1：在正方形中填充圆形

前面提到过 matplotlib 支持创建其他几何图形。Polygon 块特别有趣，因为我们可以用它绘制具有不同边数的多边形。以下是我们绘制一个正方形（每条边的长度为 4）的方式：

```
'''
Draw a square
'''

from matplotlib import pyplot as plt

def draw_square():
    ax = plt.axes(xlim = (0, 6), ylim = (0, 6))
    square = plt.Polygon([(1, 1), (5, 1), (5, 5), (1, 5)], closed = True)
    ax.add_patch(square)
    plt.show()

if __name__ == '__main__':
    draw_square()
```

Polygon 对象是通过将顶点坐标列表作为第一个输入参数来创建的，因为我们要绘制一个正方形，所以需要传递 4 个顶点的坐标：$(1, 1)$，$(5, 1)$，$(5, 5)$，$(1, 5)$。令 closed=True，告诉 matplotlib 我们要绘制一个封闭的多边形，即起点和终点是相同的。

在这个挑战中，你将尝试一个"在正方形中填充圆形"问题的简化版本。在上述代码生成的正方形中，可以放入多少个半径为 0.5 的圆形？画出来看一看！图 6-11 展示了最终的画面。

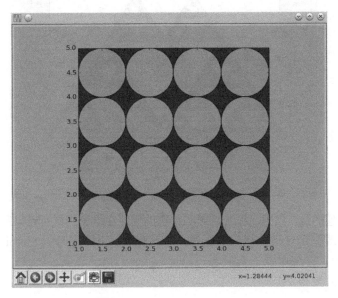

图6-11　在正方形中填充圆形

这里的技巧是从正方形的左下角开始，即(1,1)点，然后持续添加圆形直到正方形被填满。以下代码片段显示了如何创建一个圆并将其添加到图形中：

```
y = 1.5
while y < 5:
    x = 1.5
```

```
while x < 5:
    c = draw_circle(x, y)
    ax.add_patch(c)

    x += 1.0
y += 1.0
```

值得一提的是，上述方法并不是在正方形中填充圆形的最优的或者说唯一的方法，找到解决这个问题的不同方法在数学爱好者中很流行。

#2：绘制 Sierpiński 三角

Sierpiński 三角（名字来源于波兰数学家 Wacław Sierpiński）是一个由内嵌其中的较小等边三角形组成的等边三角形的分形。图 6-12 展示了由 10000 个点构成的 Sierpiński 三角。

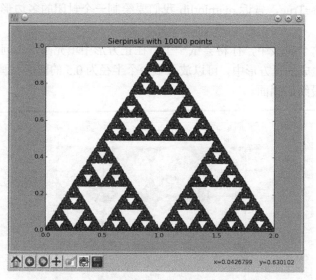

图 6-12 由 10000 个点构成的 Sierpiński 三角

有趣的是，我们使用绘制蕨类植物的程序在这里同样可以绘制 Sierpiński 三角，只需要修改变换规则和相应的概率。以下变换可以用来绘制 Sierpiński 三角：从点（0，0）开始，并应用以下变换之一。

（1）变换 1：

$$x_{n+1} = 0.5x_n$$
$$y_{n+1} = 0.5y_n$$

（2）变换 2：

$$x_{n+1} = 0.5x_n + 0.5$$
$$y_{n+1} = 0.5y_n + 0.5$$

（3）变换 3：

$$x_{n+1} = 0.5x_n + 1$$
$$y_{n+1} = 0.5y_n$$

每个变换被选择的概率相同，均为 1/3，这里的挑战是编写一个程序绘制由输入的指定点数构成的 Sierpiński 三角。

#3：探索 Hénon 函数

1976 年，Michel Hénon 提出了 Hénon 函数，该函数描述了一个点 $P(x,y)$ 的变换规则：

$$P(x,y) \rightarrow Q(y + 1 - 1.4x^2, 0.3x)$$

无论初始点在哪里（假设它离原点不远），你将看到随着点的增多，它们开始沿着曲线分布，如图 6-13 所示。

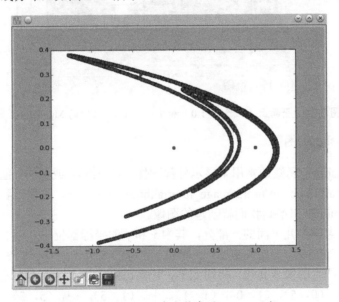

图 6-13　由 10000 个点构成的 Hénon 函数

这里的挑战是编写一个程序，创建一个以（1，1）为初始点，经 20000 次该变换规则迭代后的图形。

还有一个额外的任务是编写另一个程序，创建一个沿着曲线分布的点的动画！可到 youtube 网站搜索名为 "Henon Function Animation using Python" 的视频。

这是一个关于动力系统的例子，被所有点所吸引的曲线称为吸引子。更多关于此函数、动力系统和分形的基本信息，可以参考 Kenneth Falconer 的著作 *Fractals: A Very Short Introduction*（牛津大学出版社，2013）。

#4：绘制 Mandelbrot 集

这里的挑战是编写一个程序绘制 Mandelbrot 集，这是应用简单规则导出复杂形状的另一案例（参考图 6-14）。在讨论实现它的步骤之前，我们先了解 matplotlib 中的 imshow()函数。

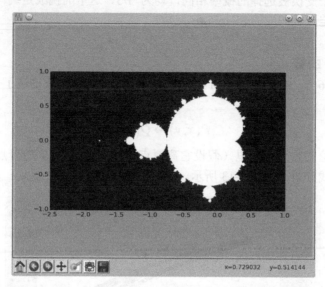

图 6-14　平面上（−2.5，−1.0）和（1.0，1.0）之间的 Mandelbrot 集

imshow()函数

imshow()函数通常用来显示外部图像，如 JPEG 或 PNG 图像。可以参考网址 http://matplotlib.org/users/image_tutorial.html 中的例子。这里，我们使用这个函数通过 matplotlib 来绘制我们新创建的图像。

考虑笛卡儿平面的一部分，其中 x 和 y 的坐标都位于 0 到 5 之间。现在，考虑沿每个轴的 6 个等距离点：x 坐标和 y 坐标的取值均为 0，1，2，3，4，5。如果我们取这些点的笛卡儿积，将得到 x-y 平面上 36 个等距点，坐标分别为（0，0），（0，1），…，（0，5），（1，0），（1，1），…，（1，5），…，（5，5）。现在假设我们要用灰色阴影给每个点上色，也就是说，随机选择一些点为黑色、一些点为白色以及一些点为黑白之间的颜色，图 6-15 展示了这种情形。

为创建这个图形，我们必须定义一个包含 6 个列表的列表，6 个列表中的每一个都依次包含着 0 到 10 之间的 6 个整数，每个数字对应于每个点的颜色：0 表示黑色，10 表示白色。然后我们将这个列表和其他必要的参数一起传递给 imshow()函数。

创建一个包含多个列表的列表

一个列表可以包含其他列表作为其元素：

```
>>> l1 = [1, 2, 3]
>>> l2 = [4, 5, 6]
>>> l = [l1, l2]
```

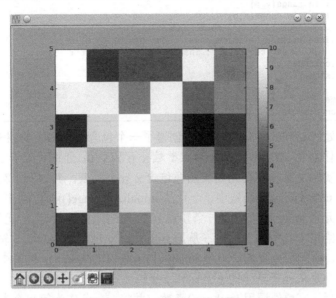

图6-15 部分 *x-y* 平面（ *x* 和 *y* 的坐标都位于 0 到 5 之间），其中等距的 36 个点用不同灰色阴影上色

　　这里我们创建一个列表 l，它包含了列表 l1 和列表 l2。列表 l 的第一个元素 l[0]，与列表 l1 相同，第二个元素 l[1] 与列表 l2 相同。

```
>>> l[0]
[1, 2, 3]
>>> l[1]
[4, 5, 6]
```

　　为引用这两个列表中的单个元素，我们必须指定两个索引，l[0][1] 指代第一个列表中的第二个元素，l[1][2] 指代第二个列表中的第三个元素，依此类推。

　　既然我们已经知道如何处理包含多个列表的列表，我们可以编写程序创建一个类似于图 6-15 的图形：

```
import matplotlib.pyplot as plt
import matplotlib.cm as cm
import random

❶ def initialize_image(x_p, y_p):
     image = []
     for i in range(y_p):
        x_colors = []
        for j in range(x_p):
           x_colors.append(0)
        image.append(x_colors)
     return image
```

```
    def color_points():
        x_p = 6
        y_p = 6
        image = initialize_image(x_p, y_p)
        for i in range(y_p):
            for j in range(x_p):
❷               image[i][j] = random.randint(0, 10)
❸       plt.imshow(image, origin='lower', extent=(0, 5, 0, 5),
                       cmap=cm.Greys_r, interpolation='nearest')
        plt.colorbar()
        plt.show()

    if __name__ == '__main__':
        color_points()
```

　　❶处的 initialize_image()函数创建了一个包含多个列表的列表，其中每一个元素都初始化为 0，该函数有两个输入参数 x_p 和 y_p，分别对应于 x 轴和 y 轴上点的个数。这实际上意味着初始列表图像包含 x_p 个列表，其中每个列表包含 y_p 个 0。

　　在 color_points()函数中，一旦从 initialize_image()函数返回一个图像列表，在❷处就给元素 image[i][j]分配一个 0 到 10 之间的随机整数。当给元素分配随机整数时，我们也给笛卡儿平面上的点（从原点出发沿 y 轴第 i 步，沿 x 轴第 j 步的点）指定了颜色。这里很重要的一点是 imshow()函数自动从 image 列表中的位置推导点的颜色，而不是依赖于具体的 x 坐标和 y 坐标。

　　然后，在❸处调用 imshow()函数，并将 image 作为第一个参数输入，关键字参数 origin='lower'指定 image[0][0]的数字对应于点（0，0）的颜色，关键字参数 extent=(0，5，0，5)分别将图像的左下角和右上角的坐标设置为（0，0）和（5，5），关键字参数 cmap=cm.Greys_r 说明我们要创建一个灰度图像。

　　最后一个关键字参数 interpolation='nearest'设定 matplotlib 应该给那些没有指定颜色的点用与其最近的点的颜色上色。这是什么意思呢？注意我们仅考虑并指定了坐标区域（0，0）和（5，5）内 36 个点的颜色，因为该区域内有无穷多个点，所以我们应该告诉 matplotlib 对那些没有设定颜色的点如何上色，这就是你在图中的每个点周围看到颜色"框"的原因。

　　调用 colorbar()函数将在图中显示一个颜色条，显示哪个整数对应哪个颜色。最后调用 show()函数展示图像。需要注意的是由于使用了 random.randint()函数，你的图像可能会与图 6-15 展示的有所不同。

　　如果你通过在 color_points()函数中将 x_p 和 y_p 设置为 20 来增加每个轴上的点数，你将会看到一个与图 6-16 所示类似的图像，注意颜色框的尺寸变小了。如果你增加更多的点数，你将看到颜色框的尺寸进一步缩小，给人的错觉是每个点都有不同的颜色。

Mandelbrot 集的绘制

　　我们考虑 x-y 平面上位于点（−2.5，−1.0）和（1.0，1.0）之间的区域，并把每个轴划分为 400 个等间距的点，这些点的笛卡儿积将给出该区域内的 1600 个等距点，我们把这些点记为 (x_1, y_1)，(x_2, y_2)，…，(x_{400}, y_{400})。

图 6-16 部分 x-y 平面（x 和 y 的坐标都位于 0 到 5 之间），其中等距的 400 个点用不同灰色阴影上色

通过调用之前用到的 initialize_image() 函数创建一个列表 image，并将函数中的 x_p 和 y_p 都设置为 400。然后，为每个生成的点 (x_i, y_k) 执行下述步骤：

（1）首先，创建两个复数，$z_1 = 0 + 0j$ 和 $c = x_i + y_k j$。（我们用 j 表示 $\sqrt{-1}$ ）

（2）创建一个迭代标签，并将其设置为 0，即 iteration=0。

（3）创建一个复数 $z_1 = z_1^2 + c$。

（4）以 1 为单位增加 iteration 的值，即 iteration= iteration+1。

（5）若 abs(z1) < 2 且 iteration < max_iteration，则返回第（3）步；否则进入第（6）步。max_iteration 的值越大，绘制的图像越详细，当然花费的时间也就越长。这里设置 max_iteration=1000。

（6）将点 (x_i, y_k) 的颜色设置为 iteration 的值，即 image[k][i] = iteration。

一旦有了完整的 image 列表，调用 imshow() 函数，并将 extent 关键字参数设置为（−2.5，−1.0）和（1.0，1.0）之间的区域。

这个算法通常称为时间逃逸算法。当一个点达到最大迭代次数时仍在区域内（即复数 z_1 的模小于 2），则该点属于 Mandelbrot 集，将其涂成白色。那些在未达到最大迭代次数就超出区域的点称为"逃逸"，它们不属于 Mandelbrot 集，将其涂成黑色。你可以通过减少和增加每一个轴上点的个数来进行实验，减少点的个数会导致颗粒图像，而增加点的个数则会产生更加细致的图像。

第 **7** 章
解微积分问题

在最后一章，我们将学习解微积分问题。首先学习数学函数，接下来对 Python 标准库和 SymPy 中的常用数学函数进行快速概述。然后，我们将学习如何求解函数的极限、计算导数和积分，这些都是你在微积分课上所学到的内容。开始吧！

7.1　什么是函数?

首先从一些基本的定义开始。函数是输入集合和输出集合之间的映射（mapping），函数的特殊条件在于输入集合的一个元素只与输出集合的一个元素相对应。例如，图 7-1 展示了两个集合，输出集合的元素是输入集合的元素的平方。

使用熟悉的函数符号，我们把这个函数记为 $f(x) = x^2$，此处 x 是自变量。因此 $f(2) = 4$，

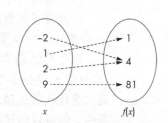

图 7-1　函数描述了输入集合和输出集合之间的映射，此处输出集合的元素是输入集合元素的平方

$f(100) = 10000$，依此类推。我们将 x 称为自变量是因为我们可以自由地假设它的值，只要这个值在 x 的定义域中（我们将在下一小节介绍定义域）

函数也可以由多个变量定义。例如，$f(x, y) = x^2 + y^2$ 定义了一个由 x 和 y 两个变量组成的函数。

7.1.1 函数的定义域和值域

函数的定义域（domain）是指自变量的有效输入值的集合，值域（range）是指函数的输出集合。

例如，函数 $f(x) = \dfrac{1}{x}$ 的定义域是所有非零实数和复数，因为 $\dfrac{1}{0}$ 没有意义。将定义域中的每一个值代入 $\dfrac{1}{x}$ 后得到的结果所构成的集合就是值域，在本例中仍然是所有的非零实数和复数。

注：函数的定义域和值域也可以是不同的。例如，当函数 x^2 的定义域是所有的正数和负数时，其值域仅仅是正数。

7.1.2 常用数学函数概述

我们已经使用了一些来自 Python 标准库的 math 模块的常用数学函数。常见的例子如 sin()和 cos()函数，它们分别是正弦三角函数和余弦三角函数。还有其他三角函数（如 tan()）和这些函数的反函数（如 asin()、acos()和 atan()）。

math 模块也包含计算一个数的对数的函数：自然对数函数 log()、以 2 为底的对数函数 log2()和以 10 为底的对数函数 log10()，以及计算 e^x 值的函数 exp()，此处 e 是欧拉常数（近似等于 2.71828）。

这些函数都有一个缺点：它们不适用于符号表达式运算。如果我们要对包含符号的数学表达式进行运算，就不得不使用定义在 SymPy 中的类似函数。

来看一个简单的例子：

```
>>> import math
>>> math.sin(math.pi/2)
1.0
```

这里我们使用标准库的 math 模块中定义的 sin()函数计算角度 π/2 的正弦值。我们也可以用 SymPy 做同样的事情。

```
>>> import sympy
>>> sympy.sin(math.pi/2)
1.00000000000000
```

与标准库中的 sin()函数类似，SymPy 的 sin()函数需要输入的角度是弧度的形式。上面两个函数返回的结果都是 1。

现在，我们试着输入符号来调用每个函数，并观察结果：

```
>>> from sympy import Symbol
>>> theta = Symbol('theta')
❶ >>> math.sin(theta) + math.sin(theta)
Traceback (most recent call last):
  File "<pyshell#53>", line 1, in <module>
    math.sin(theta) + math.sin(theta)
  File "/usr/lib/python3.4/site-packages/sympy/core/expr.py", line 225, in
__float__
    raise TypeError("can't convert expression to float")
TypeError: can't convert expression to float

❷ >>> sympy.sin(theta) + sympy.sin(theta)
2*sin(theta)
```

当在❶处使用输入参数 theta 调用标准库中的 sin()函数时，该函数无法工作，所以它引发了一个异常并提示输入参数应该是一个数值。另外，在❷处，SymPy 可以进行相同的运算，并返回表达式 2*sin(theta)。现在对我们来说这并不奇怪，但是它展示了标准库中的数学函数不能完成的任务类型。

考虑另一个例子，假设我们想推导一个物体在抛物运动中达到最高点所需的时间表达式，假设该物体以角度 theta 和初始速度 u 抛射（见 2.4 节）。

在最高点处，u*sin(theta)-g*t = 0，为解出 t，我们用学习过的 solve()函数：

```
>>> from sympy import sin, solve, Symbol
>>> u = Symbol('u')
>>> t = Symbol('t')
>>> g = Symbol('g')
>>> theta = Symbol('theta')
>>> solve(u*sin(theta)-g*t, t)
[u*sin(theta)/g]
```

如同之前所学，t 的表达式为 u*sin(theta)/g，这个例子也演示了如何使用 solve() 函数求解包含数学函数的方程。

7.2 SymPy 中的假设

在之前的所有程序里，我们在 SymPy 中创建了一个 Symbol 对象，用来定义类似 x=Symbol('x')这样的变量。假设你要求 SymPy 执行一个运算并给出结果，比如判断表达式 x+5 是否大于 0，看一下会发生什么：

```
>>> from sympy import Symbol
>>> x = Symbol('x')
>>> if (x+5) > 0:
    print('Do Something')
else:
    print('Do Something else')

Traceback (most recent call last):
```

```
  File "<pyshell#45>", line 1, in <module>
    if (x + 5) > 0:
  File "/usr/lib/python3.4/site-packages/sympy/core/relational.py", line 103,
in __nonzero__
    raise TypeError("cannot determine truth value of\n%s" % self)
TypeError: cannot determine truth value of
x + 5 > 0
```

因为 SymPy 没有任何关于 x 的正负信息，所以它不能推断出 $x+5$ 是否大于 0，因此它输出错误提示。但基础数学运算告诉我们，如果 x 是正数，那么 $x+5$ 始终是正数，如果 x 是负数，$x+5$ 将只在某些情况下是正数。

因此，如果创建一个 Symbol 对象，并指定 positive=True，我们是在告诉 SymPy x 只假设取正值。现在它明确 $x+5$ 是必定大于 0 的：

```
>>> x = Symbol('x', positive=True)
>>> if (x+5) > 0:
        print('Do Something')
else:
        print('Do Something else')

Do Something
```

注意，如果我们指定 negative=True，我们将得到与第一种情形相同的错误提示。如同我们声明一个符号是正值或者负值一样，我们也可以声明它是实数、整数、复数、虚数等，在 SymPy 中这些声明被称为假设。

7.3 计算函数极限

微积分的一个常见任务就是在自变量趋于一个确定值时，求函数的极限值（或简称极限）。考虑函数 $f(x)=1/x$，其图像如图 7-2 所示。

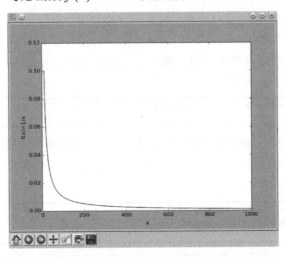

图 7-2 函数 $f(x)=1/x$ 随 x 的变化图

由图中可知，随着 x 值的增大，函数 $f(x)$ 的值趋于 0。用极限符号，可以记为

$$\lim_{x \to \infty} \frac{1}{x} = 0$$

我们可以通过创建如下 Limit 类的对象在 SymPy 中计算函数极限：

```
❶ >>> from sympy import Limit, Symbol, S
❷ >>> x = Symbol('x')
❸ >>> Limit(1/x, x, S.Infinity)
  Limit(1/x, x, oo, dir='-')
```

在❶处，我们导入 Limit 和 Symbol 类，以及 S（一个特殊的 SymPy 类，其中包含正负无穷和其他特殊值的定义）。在❷处，我们创建一个 Symbol 对象 x 来指代自变量 x。我们在❸处创建 Limit 对象，并传递三个参数：$1/x$、变量 x 和要计算函数极限的 x 的值（正无穷，即 S.Infinity）。

返回结果是一个未计算对象，其中符号 oo 表示正无穷，dir='-'表示从负方向趋于极限。

为计算极限值，我们使用 doit() 函数：

```
>>> l = Limit(1/x, x, S.Infinity)
>>> l.doit()
0
```

默认情况下，我们从正方向计算极限，除非要计算极限的 x 的值是正无穷或负无穷。在 x 是正无穷的情况下，方向是负的，而在 x 是负无穷的情况下，方向是正的。可以按照如下方式改变默认的方向：

```
>>> Limit(1/x, x, 0, dir='-').doit()
-oo
```

现在我们计算

$$\lim_{x \to 0} \frac{1}{x}$$

当 x 从负方向趋于 0 时，极限值趋于负无穷。反过来，如果从正方向趋于 0，则极限值趋于正无穷：

```
>>> Limit(1/x, x, 0, dir='+').doit()
oo
```

Limit 类也可以自动处理具有不确定形式的极限的函数：

$$\left(\frac{0}{0}, \frac{\infty}{\infty} \right)$$

```
>>> from sympy import Symbol, sin
>>> Limit(sin(x)/x, x, 0).doit()
1
```

你很可能使用洛必达法则来计算这类函数的极限，但在这里的代码，Limit 类

可以很好地处理这类极限。

7.3.1 连续复利

假设你在银行存了 1 美元，这笔存款称为本金，它可以为你带来利息。在这里，假设全部利息在一年内计算复利 n 次，在一年结束时你将得到的总额为：

$$A = \left(1 + \frac{1}{n}\right)^n$$

著名数学家 James Bernoulli 发现，随着 n 值的增大，$(1 + 1/n)^n$ 趋于 e 的值，这是一个我们可以通过计算函数极限来验证的常数：

```
>>> from sympy import Limit, Symbol, S
>>> n = Symbol('n')
>>> Limit((1+1/n)**n, n, S.Infinity).doit()
E
```

在给定本金金额 p、利率 r 和年数 t 的情况下，可以通过以下公式计算复利：

$$A = P\left(1 + \frac{r}{n}\right)^{nt}$$

假设是连续复利，我们可以得到如下关于 A 的表达式：

```
>>> from sympy import Symbol, Limit, S
>>> p = Symbol('p', positive=True)
>>> r = Symbol('r', positive=True)
>>> t = Symbol('t', positive=True)
>>> Limit(p*(1+r/n)**(n*t), n, S.Infinity).doit()
p*exp(r*t)
```

我们创建了三个 Symbol 对象，分别代表本金金额 p、利率 r 和年数 t。在创建 Symbol 对象时，我们通过设置关键字参数 positive=True 来指定这些变量只取正值。如果不这么设定，SymPy 没有任何关于符号所指代的数值的信息，从而可能无法正确计算极限值。然后，我们用复利的表达式创建 Limit 对象，并使用 doit() 函数对其进行计算。计算的极限结果是 p*exp(r*t)，它告诉我们，对于固定利率，复利随时间呈指数增长。

7.3.2 瞬时变化率

假设路上有一辆行驶的汽车，它正在均匀加速，其行驶的距离 S 由以下函数给出：

$$S = 5t^2 + 2t + 8$$

在这个函数中，自变量是 t，它表示汽车已经行驶的时间。

如果我们知道汽车在时间 t_1 和 $t_2 (t_2 > t_1)$ 之间行驶的距离，那么我们可以通过表达式 $\frac{S(t_2) - S(t_1)}{t_2 - t_1}$ 计算汽车在一个单位时间内行驶的距离。这个式子也被称为函数

$S(t)$关于变量 t 的平均变化率，或称为平均速率。如果将 t_2 写成 $t_1 + \delta_t$，其中 δ_t 是 t_1 和 t_2 之间的单位时间差，我们可以把平均速率的表达式改写为

$$\frac{S(t_1 + \delta_t) - S(t_1)}{\delta_t}$$

这个表达式也是变量 t_1 的函数。现在我们进一步假设 δ_t 非常小，并让它趋向于 0，我们可以用极限符号来表示这个式子，具体如下：

$$\lim_{\delta_t \to 0} \frac{S(t_1 + \delta_t) - S(t_1)}{\delta_t}$$

现在我们来计算上述极限。首先，让我们创建有关的表达式对象：

```
>>> from sympy import Symbol, Limit
>>> t = Symbol('t')
❶ >>> St = 5*t**2 + 2*t + 8

>>> t1 = Symbol('t1')
>>> delta_t = Symbol('delta_t')

❷ >>> St1 = St.subs({t: t1})
❸ >>> St1_delta = St.subs({t: t1 + delta_t})
```

在❶处，定义函数 $S(t)$，接着定义两个符号 t1 和 delta_t，分别对应于 t_1 和 δ_t，然后使用 subs()函数，分别在❷和❸处将 $S(t)$ 中的 t 替换为 t1 和 t1 + delta_t 来得到 $S(t_1)$ 和 $S(t_1 + \delta_t)$。现在可以计算极限了：

```
>>> Limit((St1_delta-St1)/delta_t, delta_t, 0).doit()
10*t1 + 2
```

极限值是 $10*t1 + 2$，即 $S(t)$ 在时间 t1 时的变化率，或瞬时变化率，这个变化率经常被称为汽车在时间 t1 的瞬时速率。

我们在这里计算的极限称为函数的导数，也可以用 SymPy 的 Derivative 类直接计算极限。

7.4 函数求导

函数 $y=f(x)$ 的导数表示因变量 y 关于自变量 x 的变化率，记为 $f'(x)$ 或 dy/dx。我们可以通过创建 Derivative 类的对象来对函数求导。以之前的汽车行驶例子中的函数为例：

```
❶ >>> from sympy import Symbol, Derivative

>>> t = Symbol('t')
>>> St = 5*t**2 + 2*t + 8

❷ >>> Derivative(St, t)
Derivative(5*t**2 + 2*t + 8, t)
```

我们在❶处导入 Derivative 类，在❷处创建一个 Derivative 类的对象，创建对象时传递的两个参数分别是函数 $S(t)$（符号 St）和变量 t（符号 t）。和 Limit 类一样，首先返回一个 Derivative 类的对象，此时并没有真正计算导数。我们调用 doit() 函数对未计算的 Derivative 类的对象求导：

```
>>> d = Derivative(St, t)
>>> d.doit()
10*t + 2
```

导数的表达式是 $10*t+2$。现在，我们希望计算一个特定值 t 处的导数值，比如说 $t = t_1$ 或 $t = 1$，可以用 subs() 函数：

```
>>> d.doit().subs({t:t1})
10*t1 + 2
>>> d.doit().subs({t:1})
12
```

下面试着考虑一个仅以 x 为变量的复杂的函数 $(x^3 + x^2 + x) \times (x^2 + x)$。

```
>>> from sympy import Derivative, Symbol
>>> x = Symbol('x')
>>> f = (x**3 + x**2 + x)*(x**2+x)
>>> Derivative(f, x).doit()
(2*x + 1)*(x**3 + x**2 + x) + (x**2 + x)*(3*x**2 + 2*x + 1)
```

可以看到这个函数是两个独立函数的乘积形式，这意味着，我们需要使用微分链式法则来计算这个导数。但不用担心，只需创建 Derivative 类的对象来处理就可以了。

你还可以尝试其他的复杂表达式，比如涉及三角函数的表达式。

7.4.1 求导计算器

现在我们来编写一个求导计算器程序，它将以一个函数作为输入，然后输出关于指定变量的导数：

```
'''
Derivative calculator
'''

from sympy import Symbol, Derivative, sympify, pprint
from sympy.core.sympify import SympifyError

def derivative(f, var):
    var = Symbol(var)
    d = Derivative(f, var).doit()
    pprint(d)

if __name__=='__main__':
❶      f = input('Enter a function: ')
        var = input('Enter the variable to differentiate with respect to: ')
        try:
❷          f = sympify(f)
```

```
except SympifyError:
    print('Invalid input')
else:
❸   derivative(f, var)
```

在❶处，我们提示用户输入一个要求导的函数，然后询问要对这个函数的哪个变量求导。在❷处，我们使用 sympify()函数将输入函数转换为 SymPy 对象，我们在 try...except 模块中调用 sympify()函数，从而可以在用户输入无效的情况下显示错误信息。如果输入函数有效，我们在❸处调用求导函数 derivative()，此时将转换后的输入函数以及要求导的变量作为输入参数。

在 derivative()函数中，首先创建一个对应于求导变量的 Symbol 对象，并使用标签 var 来指代这个变量。接下来，创建一个 Derivative 对象，并将输入函数 f 和 Symbol 对象 var 作为输入参数。调用 doit()函数计算导数，然后使用 pprint()函数输出结果，使其看起来接近于它相应的数学公式。程序的运行示例如下：

```
Enter a function: 2*x**2 + 3*x + 1
Enter the variable to differentiate with respect to: x
4·x + 3
```

以下是一个二元函数的运行示例：

```
Enter a function: 2*x**2 + y**2
Enter the variable to differentiate with respect to: x
4·x
```

7.4.2 求偏导数

在上一个程序里，我们看到可以使用 Derivative 类对多变量函数的其中任意一个变量求导，这种计算通常被称为偏导数，"偏"意味着我们假设仅有一个变量变化，而其他变量固定。

考虑函数 $f(x,y) = 2xy + xy^2$。 $f(x,y)$ 关于 x 的偏导数是 $\frac{\partial f}{\partial x} = 2y + y^2$。先前的程序可以用来计算偏导数，只需指定正确的变量即可：

```
Enter a function: 2*x*y + x*y**2
Enter the variable to differentiate with respect to: x
y² + 2·y
```

注：这一章要做的一个关键假设是，我们要计算导数的所有函数在它们的定义域中都是可导的。

7.5 高阶导数和最大最小值点

默认情况下，使用 Derivative 类创建一个导数对象是求一阶导数。为求高阶导数，只需在创建 Derivative 对象时将求导阶数作为第三个参数即可。这一节里我将演示如何使用函数的一阶和二阶导数在区间上找到其最大和最小值点。

考虑函数 $x^5 - 30x^3 + 50x$，定义域为 $[-5, 5]$，注意我使用了方括号表示定义域是闭区间，即自变量 x 可以是大于或等于-5，以及小于或等于 5 的任意实数（见图 7-3）。

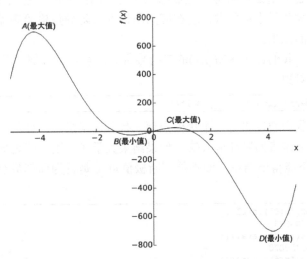

图 7-3　函数 $x^5 - 30x^3 + 50x$ 的图形，定义域为 $[-5, 5]$

由图中可以看到函数在区间 $[-2, 0]$ 上在点 B 取到最小值。类似地，在区间$[0, 2]$上在点 C 取到最大值。另一方面，在 x 的整个定义域上，函数分别在 A 点和 D 点处取得最大和最小值。因此，当考虑整个区间$[-5, 5]$上的函数时，点 B 和点 C 分别称为局部最小值和局部最大值，而点 A 和点 D 分别称为全局最大值和全局最小值。

极值点是指函数取局部或全局最大或最小值的点。如果 x 是函数 $f(x)$ 的极值点，那么 $f(x)$ 在 x 点处的一阶导数（记为 $f'(x)$）必须为 0。这个性质表明寻找可能的极值点的一个好方法就是求解方程 $f'(x) = 0$，该方程的解称为函数的极值点。试着做一下：

```
>>> from sympy import Symbol, solve, Derivative
>>> x = Symbol('x')
>>> f = x**5 - 30*x**3 + 50*x
>>> d1 = Derivative(f, x).doit()
```

现在我们计算了一阶导数 $f'(x)$，接下来解 $f'(x) = 0$ 以得到极值点：

```
>>> critical_points = solve(d1)
>>> critical_points
[-sqrt(-sqrt(71) + 9), sqrt(-sqrt(71) + 9), -sqrt(sqrt(71) + 9),
sqrt(sqrt(71) + 9)]
```

这里显示的 critical_points 列表中的数字分别对应图中的点 B、C、A 和 D。我们将创建标签分别指代这些点，然后在命令中使用这些标签：

```
>>> A = critical_points[2]
>>> B = critical_points[0]
>>> C = critical_points[1]
>>> D = critical_points[3]
```

因为这个函数的所有极值点都在所考虑的区间内，它们都和我们要搜寻的 $f(x)$ 的全局最大和最小值相关。现在应用所谓的二阶导数检验来缩小可能的全局最大和最小值点的范围。

首先，我们计算函数 $f(x)$ 的二阶导数。注意，为计算二阶导数，我们输入 2 作为第三个参数：

```
>>> d2 = Derivative(f, x, 2).doit()
```

现在我们通过将每一个极值点逐一代入 x 来求该点处的二阶导数值。如果结果小于 0，则该值为局部最大值；如果结果大于 0，则该值为局部最小值；如果结果为 0，则不能得出结论，即不能判断极值点 x 是否为局部最小值、最大值或二者都不是。

```
>>> d2.subs({x:B}).evalf()
127.661060789073
>>> d2.subs({x:C}).evalf()
-127.661060789073
>>> d2.subs({x:A}).evalf()
-703.493179468151
>>> d2.subs({x:D}).evalf()
703.493179468151
```

对极值点的二阶导数检验进行计算，结果可知 A 和 C 是局部最大值点，B 和 D 是局部最小值点。

区间 $[-5,5]$ 上 $f(x)$ 的全局最大值和最小值是在极值点 x 处或者在定义域的某一端点（$x=-5$ 和 $x=5$）处获得的。我们已经找到了所有极值点，即点 A、B、C 和 D。函数不可能在点 A 或 C 达到全局最小值，因为它们是局部最大值点。同理，函数不可能在点 B 或 D 达到全局最大值。

因此，为找到全局最大值，我们必须计算 $f(x)$ 在点 A、C、-5 和 5 处的值。在这些点中，$f(x)$ 取最大值的地方一定是全局最大值。

我们将创建两个标签，x_min 和 x_max，来分别指代定义域边界，然后在点 A、C、x_min 和 x_max 处分别计算函数值：

```
>>> x_min = -5
>>> x_max = 5

>>> f.subs({x:A}).evalf()
705.959460380365
>>> f.subs({x:C}).evalf()
25.0846626340294
```

```
>>> f.subs({x:x_min}).evalf()
375.000000000000
>>> f.subs({x:x_max}).evalf()
-375.000000000000
```

通过上述计算，以及在所有极值点和定义域边界处函数值的比较（图 7-3），我们发现点 A 是全局最大值。

类似地，为确定全局最小值，我们必须计算函数 f(x) 在点 B、D、-5 和 5 处的值：

```
>>> f.subs({x:B}).evalf()
-25.0846626340294
>>> f.subs({x:D}).evalf()
-705.959460380365
>>> f.subs({x:x_min}).evalf()
375.000000000000
>>> f.subs({x:x_max}).evalf()
-375.000000000000
```

f(x) 值最小的点一定是函数的全局最小值点，比较后可知结果是 D 点。

只要函数二阶可导，上述求函数极值的方法始终有效，即通过考虑所有极值点（通过二阶导数检验去除一些极值点后）和边界点处的函数值。二阶可导意味着函数在定义域内的一阶导数和二阶导数都存在。

类似 e^x 形式的函数在定义域中可能不存在极值点，但这种情形下该方法仍然有效，它告诉我们：极值点在定义域边界上。

7.6　用梯度上升法求全局最大值

有时候我们只是想求一个函数的全局最大值，而不是所有的局部和全局最大值和最小值。例如，我们希望找到一个抛射角度使球能在水平方向上飞出最远的距离。接下来我们学习一种新的更实用的方法来解决这一类问题。这种方法仅使用一阶导数，所以它只适用于存在一阶导数的函数。

这种方法称为梯度上升法（gradient ascent method），是一种迭代求全局最大值的方法。由于梯度上升法需要大量的计算，因此它非常适合程序化求解而不是手工求解。下面我们以求解抛射角度问题为例来说明该方法。在第 2 章，我们推导了表达式：

$$t_{\text{flight}} = 2 \times \frac{u\sin\theta}{g}$$

来计算以角度 θ 和速度 u 抛射的抛物运动中的物体的飞行时间。抛射射程 R 是抛射物体经过的总的水平距离，由式子 $u_x \times t_{\text{flight}}$ 给出，其中 u_x 是初始速度的水平分量，等于 $u\cos\theta$。将 u_x 和 t_{flight} 的公式代入，得到表达式

$$R = u\cos\theta \times \frac{2u\sin\theta}{g} = \frac{u^2\sin2\theta}{g}$$

图 7-4 展示了 θ 在 0 到 90 度之间取值时，每个角度对应的射程（飞行距离）。

从图中可以看到，最大射程在投射角度为 45 度附近取得。现在我们学习如何使用
梯度上升法对 θ 进行数值求解。

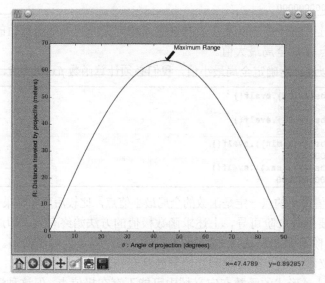

图 7-4　不同抛射角度下的抛射距离（初始速度为 25m/s）

梯度上升法是一种迭代方法：从 θ 的一个初始值开始，例如 0.001 或 $\theta_{old} = 0.001$，
并逐渐接近对应于最大射程距离的 θ 值（见图 7-5）。

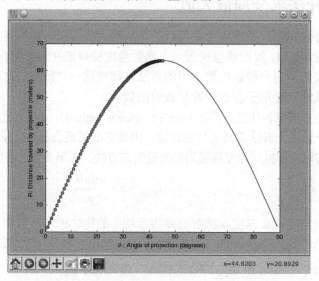

图 7-5　梯度上升法迭代将趋近于函数最大值点

逐步接近的方程如下：

$$\theta_{\text{new}} = \theta_{\text{old}} + \lambda \frac{\mathrm{d}R}{\mathrm{d}\theta}$$

其中，λ 表示步长，$\dfrac{\mathrm{d}R}{\mathrm{d}\theta}$ 是 R 关于 θ 的导数。设定 $\theta_{\text{old}} = 0.001$ 后，按下述步骤进行：

（1）使用之前的公式计算 θ_{new}。

（2）若 $\theta_{\text{new}} - \theta_{\text{old}}$ 的绝对值大于设定值 ε，则定义 $\theta_{\text{old}} = \theta_{\text{new}}$ 并返回到步骤 1，否则执行步骤 3。

（3）θ_{new} 是 R 取最大值时对应的 θ 的近似值。

这里的 epsilon（ε）值的大小决定算法何时停止迭代。我们将在后面"步长和 epsilon 的角色"一节继续讨论。

以下的 grad_ascent() 函数实现了梯度上升算法。参数 $x0$ 是迭代开始时的变量初始值，f_{1x} 是我们所要求的最大值的函数的导数，x 是与函数自变量对应的 Symbol 对象。

```
'''
Use gradient ascent to find the angle at which the projectile
has maximum range for a fixed velocity, 25 m/s
'''

import math
from sympy import Derivative, Symbol, sin

def grad_ascent(x0, f1x, x):
❶    epsilon = 1e-6
❷    step_size = 1e-4
❸    x_old = x0
❹    x_new = x_old + step_size*f1x.subs({x:x_old}).evalf()
❺    while abs(x_old - x_new) > epsilon:
        x_old = x_new
        x_new = x_old + step_size*f1x.subs({x:x_old}).evalf()

    return x_new

❻ def find_max_theta(R, theta):
    # Calculate the first derivative
    R1theta = Derivative(R, theta).doit()
    theta0 = 1e-3
    theta_max = grad_ascent(theta0, R1theta, theta)
❼    return theta_max

if __name__ == '__main__':

    g = 9.8
    # Assume initial velocity
    u = 25
    # Expression for range
    theta = Symbol('theta')
❽    R = u**2*sin(2*theta)/g

❾    theta_max = find_max_theta(R, theta)
    print('Theta: {0}'.format(math.degrees(theta_max)))
    print('Maximum Range: {0}'.format(R.subs({theta:theta_max})))
```

我们在❶处设置 epsilon 值为 1e-6，在❷处设置步长为 1e-4，epsilon 值必须始终是一个接近于 0 的非常小的正数，所选步长应该会使变量在每一次迭代中小幅度增加。epsilon 值和步长的选择将在后面"步长和 epsilon 的角色"一节中更进一步讨论。

我们在❸处设置 x_old 为 x0，并在❹处首次计算 x_new。我们使用 subs()函数，以实现用 x_old 的值替换变量，然后使用 evalf()函数计算数值结果。如果绝对值 abs(x_old − x_new)大于 epsilon，则❺处的 while 循环将继续执行，并按照梯度上升算法中的第 1 步和第 2 步持续更新 x_old 和 x_new 的值。一旦退出了循环，即 abs(x_old − x_new) > epsilon，程序返回 x_new，该值即为与函数最大值相对应的变量值。

我们在❻处定义 find_max_theta()函数，在这个函数中，我们计算 R 的一阶导数；创建一个标签 theta0，并将其设置为 1e-3；调用 grad_ascent()函数，并以 theta0 和 R1theta 这两个值作为输入参数，以 Symbol 对象 theta 为第三个输入参数。一旦得到对应于最大函数值（theta_max）的 θ 值，在❼中返回。

最后我们在❽处创建表示水平射程的表达式，设置初始速度 u=25，以及与角度 θ 对应的 Symbol 对象 theta。然后在❾中以 R 和 theta 为输入参数调用 find_max_theta()函数。

当运行这个程序时，将看到如下输出：

```
Theta: 44.99999978475661
Maximum Range: 63.7755102040816
```

θ 值以角度为单位输出，正如预期的那样，结果接近 45 度。如果把初始速度改变为其他值，你将看到达到最大射程的抛射角度始终在 45 度附近。

7.6.1 梯度上升法的通用程序

我们可以稍微修改上一节中的程序，使其成为梯度上升法的通用程序：

```
'''
Use gradient ascent to find the maximum value of a
single-variable function
'''

from sympy import Derivative, Symbol, sympify

def grad_ascent(x0, f1x, x):
    epsilon = 1e-6
    step_size = 1e-4
    x_old = x0
    x_new = x_old + step_size*f1x.subs({x:x_old}).evalf()
    while abs(x_old - x_new) > epsilon:
        x_old = x_new
        x_new = x_old + step_size*f1x.subs({x:x_old}).evalf()

    return x_new

if __name__ == '__main__':
```

```
      f = input('Enter a function in one variable: ')
      var = input('Enter the variable to differentiate with respect to: ')
      var0 = float(input('Enter the initial value of the variable: '))
      try:
          f = sympify(f)
      except SympifyError:
          print('Invalid function entered')
      else:
❶         var = Symbol(var)
❷         d = Derivative(f, var).doit()
❸         var_max = grad_ascent(var0, d, var)
          print('{0}: {1}'.format(var.name, var_max))
          print('Maximum value: {0}'.format(f.subs({var:var_max})))
```

在此程序中， grad_ascent()函数保持不变，然而现在程序将提示用户输入一个
函数、函数的自变量以及变量初始值（梯度上升算法从这里开始）。一旦确定 SymPy
可以识别用户的输入，我们在❶处创建一个与变量相对应的 Symbol 对象，在❷处计
算关于该变量的一阶导数，并将这三个量（var0，d，var）作为输入参数调用
grad_ascent()函数，在❸处返回最大值。

下面是一次运行结果：

```
Enter a function in one variable: 25*25*sin(2*theta)/9.8
Enter the variable to differentiate with respect to: theta
Enter the initial value of the variable: 0.001
theta: 0.785360029379083
Maximum value: 63.7755100185965
```

此处输入的函数与我们第一次实现梯度上升法时的相同，θ 值以弧度为单位
输出。

下面是程序的另一个运行结果，这次是计算 $\cos y$ 函数的最大值：

```
Enter a function in one variable: cos(y)
Enter the variable to differentiate with respect to: y
Enter the initial value of the variable: 0.01
y: 0.00999900001666658
Maximum value: 0.999950010415832
```

该程序也适用于 $\cos(y) + k$ 这类函数，其中 k 是常数：

```
Enter a function in one variable: cos(y) + k
Enter the variable to differentiate with respect to: y
Enter the initial value of the variable: 0.01
y: 0.00999900001666658
Maximum value: k + 0.999950010415832
```

然而，该程序不适用于 $\cos(ky)$ 这类函数，因为该函数的一阶导数 $-k\sin(ky)$ 仍包
含常数 k，而 SymPy 不知道其数值。因此，SymPy 不能执行梯度上升算法中的一个
关键步骤，即 abs(x_old − x_new) > epsilon 的比较。

7.6.2　关于初始值的附加说明

开始迭代梯度上升法时的变量初始值在算法中起着非常重要的作用。考虑之前

使用过的函数 $x^5 - 30x^3 + 50x$，这里我们使用梯度上升通用程序来计算最大值：

```
Enter a function in one variable: x**5 - 30*x**3 + 50*x
Enter the variable to differentiate with respect to: x
Enter the initial value of the variable: -2
x: -4.17445116397103
Maximum value: 705.959460322318
```

当找到最近的峰值时，梯度上升算法就停止了，但最近的峰值并不总是全局最大值。在这个例子中，如果你从初始值-2出发，程序停止时所在的峰值恰好对应于设置的定义域中的全局最大值（大约在706）。为进一步验证，我们尝试一个不同的初始值：

```
Enter a function in one variable: x**5 - 30*x**3 + 50*x
Enter the variable to differentiate with respect to: x
Enter the initial value of the variable: 0.5
x: 0.757452532565767
Maximum value: 25.0846622605419
```

在这种情形下，梯度上升算法停止时所得到的最近峰值并不是函数的全局最大值。图7-6描述了这两种情形下梯度上升算法的结果。

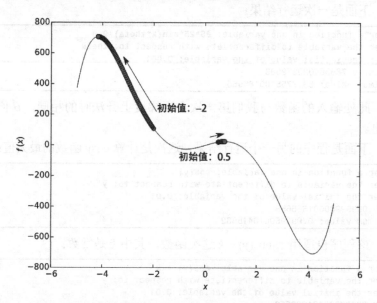

图7-6 不同初始值下梯度上升算法的结果，梯度上升总会把我们带到最近的峰值

因此，当我们使用该方法时，必须仔细选择初始值。有些改进的算法也在试着解决这个问题。

7.6.3 步长和 epsilon 的角色

在梯度上升算法中，变量的下一个值的计算公式为 $\theta_{\text{new}} = \theta_{\text{old}} + \lambda \dfrac{\mathrm{d}R}{\mathrm{d}\theta}$，其中 λ 表

示步长。步长决定了下一步的距离，它应该被设置得很小，以避免越过峰值。换句话说，如果 x 的当前值接近于函数的最大值点，那么下一步不应该越过这个峰值，否则算法将失效。另外，非常小的步长值将花费更多的计算时间。之前我们使用了固定的步长 10^{-3}，但这个值并不适用于所有函数。

epsilon 的值（ε）决定何时停止算法的迭代，它应该是一个足够小的数，小到我们确信 x 的值不再变化。我们希望一阶导数 $f'(x)$ 在最大值点处为 0，并且在理想情况下 $|\theta_{\text{new}} - \theta_{\text{old}}| = 0$（参见梯度上升算法中的第 2 步）。然而，由于数值计算的不精确性，我们并不能精确地得到差值 0，因此应该选取一个接近于 0 的 epsilon 值，它从实际的角度告诉我们 x 的值不再改变。我们在之前所有的函数中将 epsilon 设定为 10^{-6}，这个值虽然足够小，也适用于那些 $f'(x) = 0$ 有解的函数，例如 $\sin(x)$，但可能并不适用于其他函数。因此，最好在最后验证最大值，以保证其正确性，并在需要时相应地调整 epsilon 的值。

梯度上升算法中的第 2 步也意味着，要让算法终止，方程式 $f'(x) = 0$ 必须有一个解，而对于例如 e^x 或 $\log(x)$ 这类函数则不是这样。如果你把这类函数输入到之前的程序中，程序将无法计算出解，程序将持续运行。针对这种情形，我们可以通过检查 $f'(x) = 0$ 是否有解来改进梯度上升算法使其更有效。以下是改进的程序：

```
'''
Use gradient ascent to find the maximum value of a
single-variable function. This also checks for the existence
of a solution for the equation f'(x)=0.
'''

from sympy import Derivative, Symbol, sympify, solve

def grad_ascent(x0, f1x, x):
    # Check if f1x=0 has a solution
❶   if not solve(f1x):
        print('Cannot continue, solution for {0}=0 does not exist'.format(f1x))
        return
    epsilon = 1e-6
    step_size = 1e-4
    x_old = x0
    x_new = x_old + step_size*f1x.subs({x:x_old}).evalf()
    while abs(x_old - x_new) > epsilon:
        x_old = x_new
        x_new = x_old + step_size*f1x.subs({x:x_old}).evalf()

    return x_new

if __name__ == '__main__':

    f = input('Enter a function in one variable: ')
    var = input('Enter the variable to differentiate with respect to: ')
    var0 = float(input('Enter the initial value of the variable: '))
    try:
        f = sympify(f)
    except SympifyError:
        print('Invalid function entered')
    else:
```

```
            var = Symbol(var)
            d = Derivative(f, var).doit()
            var_max = grad_ascent(var0, d, var)
❷       if var_max:
            print('{0}: {1}'.format(var.name, var_max))
            print('Maximum value: {0}'.format(f.subs({var:var_max})))
```

在这个改进的 grad_ascent()函数中，我们在❶处调用 SymPy 的 solve()函数来判断方程式 $f'(x)=0$ 是否有解，方程式在本例中是 f1x。如果无解，则输出提示信息并返回。另一个改进在❷处 __main__ 模块。我们检查 grad_ascent()函数是否成功地返回了结果，如果是，则继续输出函数的最大值以及相应的自变量值。

这些改进使程序可以处理例如 e^x 或 $\log(x)$ 这类函数：

```
Enter a function in one variable: log(x)
Enter the variable to differentiate with respect to: x
Enter the initial value of the variable: 0.1
Cannot continue, solution for 1/x=0 does not exist
```

对于 e^x，你会看到同样的结果。

> **梯度下降算法**
>
> 梯度上升算法的逆算法是梯度下降算法，这是一种求函数最小值的方法，它与梯度上升算法类似，但不是沿着函数"向上爬"，而是"向下爬"。本章的挑战题目#2 讨论了两种算法的区别，并提供了一个实现梯度下降算法的机会。

7.7 求函数积分

函数 $f(x)$ 的不定积分或原函数是另一个函数 $F(x)$，其满足 $F'(x)=f(x)$。即一个函数 f 的积分是另一个函数 F，而函数 F 的导数是函数 f。在数学上，记为 $F(x)=\int f(x)\mathrm{d}x$。另外，定积分记为 $\int_a^b f(x)\mathrm{d}x$，它等于 $F(b)-F(a)$，其中 $F(b)$ 和 $F(a)$ 分别是 $f(x)$ 的原函数在 $x=b$ 和 $x=a$ 处的值。我们通过创建 Integral 对象来计算这两类积分。

下面是积分 $\int kx\mathrm{d}x$ 的计算，其中 k 是常数项：

```
>>> from sympy import Integral, Symbol
>>> x = Symbol('x')
>>> k = Symbol('k')
>>> Integral(k*x, x)
Integral(k*x, x)
```

我们导入 Integral 和 Symbol 两个类，并创建两个与 k 和 x 相对应的 Symbol 对象。然后，创建一个关于函数 kx 的 Integral 对象，并指定积分变量为 x。类似于 Limit 和 Derivative 类，我们可以使用 doit()函数来计算积分值：

```
>>> Integral(k*x, x).doit()
k*x**2/2
```

返回的积分结果为 $kx^2/2$。如果计算 $kx^2/2$ 的导数，你将得到原始函数 kx。

为计算定积分，我们只需在创建 Integral 对象时将变量、下限和上限组成元组并作为输入参数即可：

```
>>> Integral(k*x, (x, 0, 2)).doit()
2*k
```

返回的结果是定积分 $\int_0^2 kx\,\mathrm{d}x$。在几何背景下讨论定积分，将其可视化有助于理解。考虑图 7-7，它展示了函数 $f(x) = x$ 在 $x = 0$ 和 $x = 5$ 之间的图形。

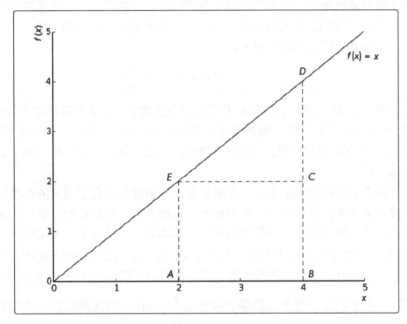

图 7-7 函数在两点之间的定积分就是图中函数曲线与 x 轴所围成图形的面积

现在考虑图形 *ABDE* 围成的区域，它以 x 轴为边界，位于 $x=2$（点 *A*）和 $x=4$（点 *B*）之间，该区域的面积可以通过将正方形 *ABCE* 的面积与直角三角形 *ECD* 的面积相加得到，即 $2 \times 2 + \left(\dfrac{1}{2}\right) \times 2 \times 2 = 6$。

现在我们计算积分 $\int_2^4 x\,\mathrm{d}x$：

```
>>> from sympy import Integral, Symbol
>>> x = Symbol('x')
>>> Integral(x, (x, 2, 4)).doit()
6
```

积分值与区域 *ABDE* 的面积相等。这不是巧合，你会发现这对于任何 *x* 的函数的可计算积分都是成立的。

理解定积分是函数在 *x* 轴上的指定两点间所围成的区域的面积，对于理解涉及连续型随机变量的随机事件的概率计算至关重要。

7.8 概率密度函数

考虑某一个班级的学生和他们在一次数学测验中的成绩。每个学生的得分在 0 到 20 之间（得分可能为小数）。如果我们将得分看作一个随机事件，分数自身是一个连续型随机变量，因为它可以取 0 到 20 之间的任意值。如果我要计算一个同学的得分在 11 到 12 之间的概率，我们就不能用第 5 章所学的方法了。为什么呢？考虑如下公式，假设是均匀概率，

$$P(11 < x < 12) = \frac{n(E)}{n(S)}$$

其中 *E* 是 11 到 12 之间所有可能得分的集合，*S* 是所有可能得分的集合，即 1 到 20 之间的所有实数。根据前面问题的定义，*n*(*E*)无穷大，因为不可能数出 11 到 12 之间所有可能的实数；*n*(*S*)也是如此。因此，我们需要一种不同于之前的计算概率的方法。

概率密度函数 *P*(*x*)表示一个随机变量的值接近于任意值 *x* 的概率[1]，它也可以告诉我们 *x* 落在任何一个区间内的概率。也就是说，如果我们知道了代表上述班级成绩的概率密度函数，那么我们就可以计算 $P(11 < x < 12)$ 了。但是如何计算呢？结果表明,这个概率是由概率密度函数与点 $x = 11$ 和 $x = 12$ 之间的 *x* 轴所围成的区域的面积。先假设有一个概率密度函数，图 7-8 展示了我们刚才所说的这一点。

我们已经知道这个面积等于积分值 $\int_{11}^{12} p(x)\mathrm{d}x$，因此我们有一种简单的方法来计算成绩在 11 到 12 之间的概率了。如果不考虑数学计算的话，现在我们就可以知道概率是多少了。之前假设的概率密度函数为 $\frac{1}{\sqrt{2\pi}}\mathrm{e}^{\frac{(x-10)^2}{2}}$，其中 *x* 为得分。选择这个函数，使得得分接近 10（无论大于还是小于）时的概率很大，而当这个函数远离 10 时概率减小得非常快。

现在计算积分 $\int_{11}^{12} p(x)\mathrm{d}x$，其中 *p*(*x*)为之前的函数：

---

[1] 更多内容请参考 Math Insight 网站上由 Duane Q.Nykamp 撰写的 "The idea of a probability density function"（概率密度函数的思想）一文。

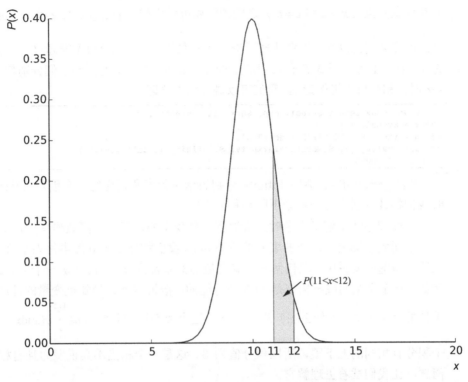

图 7-8 数学测验成绩的概率密度函数

```
>>> from sympy import Symbol, exp, sqrt, pi, Integral
>>> x = Symbol('x')
>>> p = exp(-(x - 10)**2/2)/sqrt(2*pi)
>>> Integral(p, (x, 11, 12)).doit().evalf()
0.135905121983278
```

　　我们为这个函数创建了一个 Integral 对象，用于计算 x 轴上 11 和 12 之间的定积分，其中 p 表示概率密度函数。使用 doit()函数进行计算，并使用 evalf()函数得到数值结果。因此，得分位于 11 和 12 之间的概率近似等于 0.14。

有关概率密度函数的补充说明

　　严格来讲，这个概率密度函数为小于 0 和大于 20 的分数分配了一个非零的概率，你可以使用本节中的想法来验证，这个事件的概率非常小，以至于在这里可以忽略不计。

　　概率密度函数有两个性质：任意 x 对应的函数值总是大于 0，因为概率不能小于 0；定积分 $\int_{-\infty}^{+\infty} f(x)\mathrm{d}x$ 的值等于 1。第二个性质值得讨论，因为 $p(x)$ 是概率密度函数，它在任意两点（$x=a$ 和 $x=b$）之间的面积可以用积分 $\int_a^b p(x)\mathrm{d}x$ 来表示，这也是 x 落在这两点之间的概率。这意味着无论 a 和 b 取什么值，积分值不能超过 1，因为根据定义，概率必须小于或等于 1。因此，即使 a 和 b 非常大，甚至当它们分别趋于 $-\infty$ 和 $+\infty$ 时，积分值也仍然为 1，我们可以进行如下验证：

```
>>> from sympy import Symbol, exp, sqrt, pi, Integral, S
>>> x = Symbol('x')
>>> p = exp(-(x - 10)**2/2)/sqrt(2*pi)
>>> Integral(p, (x, S.NegativeInfinity, S.Infinity)).doit().evalf()
1.00000000000000
```

S.NegativeInfinity 和 S.Infinity 分别表示负无穷和正无穷，在创建 Integral 对象时我们将其分别指定为积分下限和积分上限。

在处理连续型随机变量时，会遇到一种棘手的情况。在离散概率中，类似于用一个 6 面骰子掷出 7 这样的事件的概率为 0。我们称概率为 0 的事件为不可能事件。在连续型随机变量中，取任何一个确定值的概率都为 0，即使这是一个可能的事件。例如，一个学生的成绩恰好是 11.5 是可能的，但根据连续型随机变量的性质，这个事件的概率为 0。为什么呢？思考一下，这个概率应该是积分值 $\int_{11.5}^{11.5} p(x)\mathrm{d}x$。因为这个积分有相同的上下限，所以积分值为 0。这是一个相当不具说服力且自相矛盾的问题，让我们试着去理解它。

考虑我们之前给定的得分区间，即 0 到 20。一个学生的得分可以是这个区间上的任意值，这意味着可以取无穷多个值。如果每一个值被选中的概率相等，那么这个概率应该是多少？根据离散概率的公式，应该是 $1/\infty$，意味着这是一个很小的数。事实上，这个数字太小以至于并没有实际意义，故定义为 0。因此，学生得分为 11.5 的概率为 0。

7.9 本章内容小结

在这一章，你学习了如何求函数的极限、导数和积分。学习了求函数最大值的梯度上升法，也学习了如何应用积分原理计算连续型随机变量的概率。接下来，尝试完成几个挑战。

7.10 编程挑战

下面的几个编程挑战都是基于本章所学的内容。你可以在本书的配套网站 http://www.nostarch.com/doingmathwithpython/ 找到示例的解决方案。

#1：证明函数在一点处的连续性

函数在某点连续是函数在该点可导的一个必要非充分条件，即函数在该点有定义，以及该点的左侧极限和右侧极限都存在且等于该点处的函数值。考虑函数 $f(x)$ 在 $x = a$ 点的情形，数学表达式为 $\lim\limits_{x \to a^+} f(x) = \lim\limits_{x \to a^-} f(x) = f(a)$。

你的挑战是编写一个程序实现以下两点：接收一个单变量函数和变量的一个值作为输入参数；验证所输入的函数是否在输入点处连续。

下面演示了一个输出案例：

```
Enter a function in one variable: 1/x
Enter the variable: x
Enter the point to check the continuity at: 1
1/x is continuous at 1.0
```

函数 $1/x$ 在 0 点处不连续，下面来验证一下：

```
Enter a function in one variable: 1/x
Enter the variable: x
Enter the point to check the continuity at: 0
1/x is not continuous at 0.0
```

#2：梯度下降法的实现

梯度下降法用来计算函数的最小值。类似于梯度上升法，梯度下降法也是一种迭代方法：首先从变量的一个初始值开始，逐渐接近函数最小值对应的变量值。公式为 $x_{\text{new}} = x_{\text{old}} - \lambda \dfrac{\mathrm{d}f}{\mathrm{d}x}$，其中 λ 是步长，$\dfrac{\mathrm{d}f}{\mathrm{d}x}$ 是函数的导数。因此，梯度下降法与梯度上升法唯一的区别就是如何从 x_{old} 得到 x_{new}。

你的挑战是使用梯度下降算法实现一个通用程序，以找到用户输入的单变量函数的最小值。程序还应该创建一幅函数图像，在找到最小值之前还需要显示找到的所有中间值（可以参考前面的图 7-5）。

#3：两条曲线围成的面积

我们已经知道积分式 $\int_{a}^{b} f(x)\mathrm{d}x$ 表示函数 $f(x)$ 在两点 $x = a$ 和 $x = b$ 之间与 x 轴所围成的面积。因此两条曲线围成的面积可以表达成积分 $\int_{a}^{b}(f(x) - g(x))\mathrm{d}x$，其中 a 和 b 是两条曲线的交点且 $a < b$。函数 $f(x)$ 称为上函数，$g(x)$ 称为下函数。图 7-9 展示了 $f(x) = x$，$g(x) = x^2$，且 $a = 0$，$b = 1$ 的情形。

你的挑战是编写一个程序，让用户可以输入关于 x 的任意两个单变量函数，然后输出这两个函数所围成的面积。程序应该清楚地表明，输入的第一个函数是上函数，也应该提示用户输入要计算面积的图形的两个端点值。

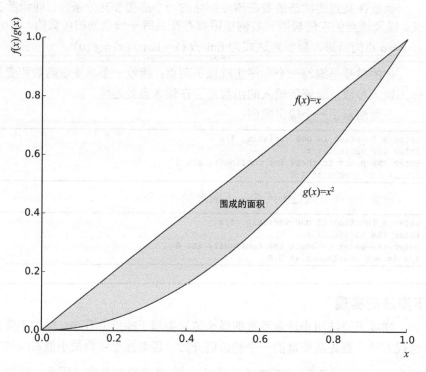

图 7-9 函数 $f(x)=x$, $g(x)=x^2$ 在 $x=0$，$x=1$ 之间的面积

#4：计算曲线的长度

假设我们刚沿路完成了一段骑行，路线看起来大致如图 7-10 所示。因为你没有里程表，你想知道是否有一个数学方法可以计算出这段骑行距离。首先，我们需要一个方程（即使是近似的也可以）来描述这段路程。

注意到看上去函数曲线非常像我们在前面章节讨论过的二次函数。事实上，对这个问题，我们假设方程是 $y=f(x)=2x^2+3x+1$，并假设你从点 $A(-5,36)$ 开始骑行到点 $B(10,231)$ 结束。为计算这段弧的长度（即你骑行的距离），我们需要计算如下积分：

$$\int_a^b \sqrt{1+\left(\frac{\mathrm{d}y}{\mathrm{d}x}\right)^2}\,\mathrm{d}x$$

其中 $y=2x^2+3x+1$。你的挑战是编写一个程序计算弧 AB 的长度。

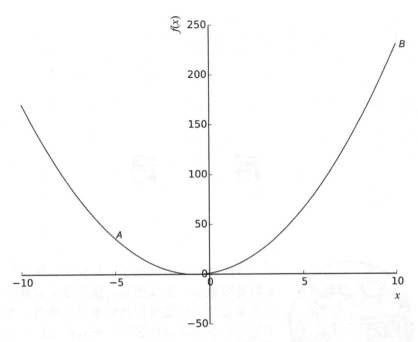

图 7-10 大致的骑行路程

你还需要使你程序的功能增强，使其能计算任意一个函数 $f(x)$ 在任意两点间的弧长。

后　记

已经到了书的结尾了，恭喜你！现在你已经学习了如何处理数字、生成图形、执行数学运算、使用集合和代数表达式、创建可视化动画以及解微积分问题。很了不起！接下来该做什么呢？有几件事情可以值得进一步尝试。

下一步可以探索的事情

希望这本书可以激发你去解决自己遇到的数学问题。但是，要自己想出这些具有挑战性的问题通常是很困难的。

欧拉项目

用编程去解决数学问题的一个好地方是欧拉项目（project euler）网站，这个网站提供了 500 多个难度不同的数学问题。注册一个免费账号后，你就可以提交你的解答并检验是否正确。

Python 文档

或许你也想开始研究 Python 在不同领域的使用文档。

- 数学模块：https://docs.python.org/3/library/math.html
- 其他数字和数学模块：https://docs.python.org/3/library/numeric.html
- 统计模块：https://docs.python.org/3/library/statistics.html

我们没有讨论浮点数如何存储在计算机的内存中，也没有讨论由此产生的问题和错误等内容。如果你想看一下 Python 教程中关于小数模块的文档以及关于"浮点运算"的讨论，可参考下述链接：

- 小数模块：https://docs.python.org/3/library/decimal.html
- 浮点运算：https://docs.python.org/3.4/tutorial/floatingpoint.html

参考书

如果你对探索更多的数学和编程内容感兴趣的话，下列书籍可以作为参考。

- Al Sweigart 的 *Invent Your Own Computer Games with Python* 和 *Making Games with Python and Pygame*。这两本书都可以从 inventwithpython 网站免费获取。这两本书都不是讲解具体怎么解决数学问题，而是基于 Python 应用数学来编写计算机游戏。
- Allen B. Downey 的 *Think Stats: Probability and Statistics for Programmers*。该书可从 greenteapress 网站免费获取。正如书名所反映的，该书深入讨论了统计学和概率论，其内容超出本书所涉及的范围。
- Bryson Payne 的 *Teach Your Kids to Code* (No Starch 出版社，2015)。该书是为初学者所写，覆盖了多个 Python 主题。从本书中你将学到海龟绘图，多种有趣的使用 Python 的 random 模块的方法，以及如何使用 Pygame 创建游戏和动画。
- Mark Newman 的 *Computational Physics with Python* (2013)。该书聚焦于一系列用来解决物理问题的高等数学主题。然而，书里也有很多章节介绍了如何编写用来解决数字和数学问题的程序，有兴趣的读者可以一读。

获取帮助

如果你在本书所讨论的某个问题上遇到困难，请通过电子邮箱联系我，我的邮箱地址是 doingmathwithpython@gmail.com。如果你想进一步了解我们在程序中使用的任何函数和类，可以查看相关主题的官方文档：

- Python 3 标准库；
- SymPy；
- matplotlib。

如果你遇到问题并需要帮助，你也可以加入具体项目相关的邮件列表，通过邮件寻求帮助，你可以在本书的网站上找到这些邮件列表的地址。

最后，我们要真正地结束本书的学习了。我希望你在学习的过程中学到了很多。现在，用 Python 去解决更多的问题吧！

<big>附录**A**</big>

软件安装

本书的程序和解答已经在 Python 3.4、matplotlib 1.4.2、matplotlib-venn0.11 和 SymPy 0.7.6 版本上运行过。这些版本仅是最低要求，程序也可以在软件的较新版本上运行。修改和更新会在本书网站上注明，网址为 http://www.nostarch.com/doingmathwithpython/。

尽管有许多方法可以帮助你掌握 Python 和所需的库，但最简单的途径还是使用 Anaconda Python 3 的发行版，该发行版可免费用于 Microsoft Windows、Linux 以及 Mac OS X 系统。在撰写本书时，最新版本的 Anaconda 是 2.1.0 和 Python 3.4。Anaconda 是一种快速、简单地安装 Python 3 和许多数学及数据分析包的方式，所有这些安装内容都在一个简单的安装程序中。如果你想增加新的数学类 Python 库，Anaconda 也允许你使用 conda 和 pip 命令快捷添加。Anaconda 有许多其他优势，这些优势使得它对 Python 开发很有帮助。它内置了 conda 软件包管理器，可以方便地安装第三方软件包，接下来我们就会看到。它还支持创建一个独立的 Python 运行环境，这意味着你可以使用同一个 Anaconda 安装多个 Python 版本，如 Python 2、Python 3.3 以及 Python 3.4。你可以从 Anaconda 网站和 conda 文档中学习更多的内容。

接下来的几节内容将简要介绍 Anaconda 在 Microsoft Windows、Linux 以及 Mac OS X 系统下的安装，你可以直接跳到适合你的操作系统的小节。你只需要将电脑连接到互联网，这样就足够了。

A.1 Microsoft Windows

登录网址 https://www.anaconda.com/distribution/，下载 Python 3 的 Anaconda GUI 安装程序。双击安装程序，并按如下步骤进行。

（1）单击 Next 按钮并接受许可证协议：

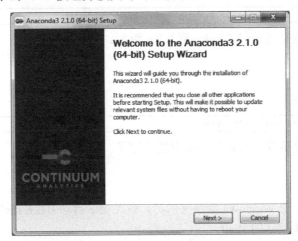

（2）你可以选择仅为你的用户名安装程序，也可以为所有计算机用户安装。

（3）选择你希望 Anaconda 安装程序的文件夹。默认路径是一个不错的选择。

（4）确认 Advanced Options 选项中的两个方框打上钩，这样你就可以在命令提示符下的任何位置调用 Python shell 和其他程序了，比如 conda、pip 和 idle。此外，任何要在 Python 3.4 下运行的 Python 程序将被 Anaconda 指定到所需要的版本上。

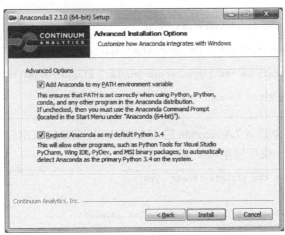

（5）单击 Install 按钮开始安装。安装结束时，单击 Next 按钮，然后单击 Finish 按钮结束整个安装过程。此时在开始菜单下可以看到 Python 了。

（6）打开一个 Windows 命令提示符并执行下述步骤。

升级 SymPy

上述过程中已经安装了 SymPy，但是我们仍希望确保安装的至少是 0.7.6 版本，所以我们将使用以下命令再次安装：

```
$ conda install sympy=0.7.6
```

这将安装或升级 SymPy 到 0.7.6 版本。

安装 matplotlib-venn

使用以下命令安装 matplotlib-venn：

```
$ pip install matplotlib-venn
```

你的电脑现在可以运行所有的程序了。

启动 Python Shell

打开一个 Windows 命令提示符，输入 idle 启动 IDLE shell，或者输入 python 启动 Python 3 默认的 shell。

A.2 Linux

Linux 安装程序是作为 shell 脚本安装程序分发的，所以你要登录网站 https://www.anaconda.com/distribution/下载 Anaconda Python 安装程序。然后执行下述步骤进行安装：

```
$ bash Anaconda3-2.1.0-Linux-x86_64.sh

Welcome to Anaconda3 2.1.0 (by Continuum Analytics, Inc.)

In order to continue the installation process, please review the license
agreement.
Please, press ENTER to continue
>>>
```

安装时会显示 "Anaconda END USER LICENSE AGREEMENT"。看到这个提示时，输入 yes 就可以继续安装：

```
Do you approve the license terms? [yes|no]
[no] >>> yes

Anaconda3 will now be installed into this location:
/home/testuser/anaconda3
```

```
- Press ENTER to confirm the location
- Press CTRL-C to abort the installation
- Or specify a different location below
```

根据提示，按 Enter 键，安装即开始：

```
[/home/testuser/anaconda3] >>>
PREFIX=/home/testuser/anaconda3
installing: python-3.4.1-4 ...
installing: conda-3.7.0-py34_0
..

creating default environment...
installation finished.
Do you wish the installer to prepend the Anaconda3 install location
to PATH in your /home/testuser/.bashrc ? [yes|no]
```

当要求确认安装位置时，输入 yes，这样当你从你的终端调用 Python 程序时，由 Anaconda 安装的 Python 3.4 解释器将始终被调用。

```
[no] >>> yes

Prepending PATH=/home/testuser/anaconda3/bin to PATH in /home/testuser/.bashrc
A backup will be made to: /home/testuser/.bashrc-anaconda3.bak
For this change to become active, you have to open a new terminal.

Thank you for installing Anaconda3!
```

为下一步打开一个新的终端窗口。

升级 SymPy

首先确保安装的是 SymPy 0.7.6 版本：

```
$ conda install sympy=0.7.6
```

安装 matplotlib-venn

使用以下命令安装 matplotlib-venn：

```
$ pip install matplotlib-venn
```

启动 Python Shell

所有的安装完成了。打开一个新的终端窗口，输入 idle3 启动 IDLE 编辑器，或者输入 python 启动 Python 3.4 shell。现在你可以运行本书所有的程序了，也可以开始新的尝试了。

A.3　Mac OS X

登录网址 https://www.anaconda.com/distribution/，下载图形界面安装程序。然后

双击.pkg 文件，按如下步骤进行操作。

（1）在每一个信息提示窗口都单击 Continue 按钮：

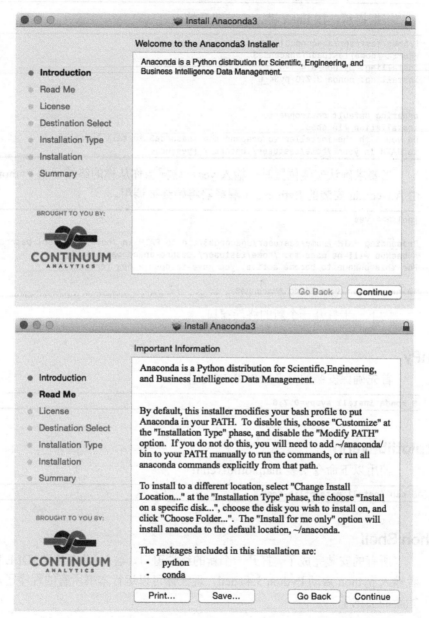

（2）单击下图中的 Agree 按钮接受"Anaconda END USER LICENSE AGREEMENT"协议：

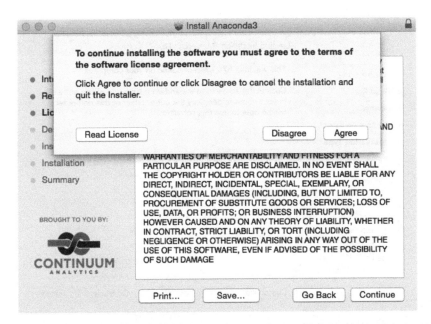

（3）在下面的对话框中选择"Install for me only"选项。你看到的错误提示信息是安装软件中的一个程序错误。单击一下它就会消失。单击 Continue 按钮继续。

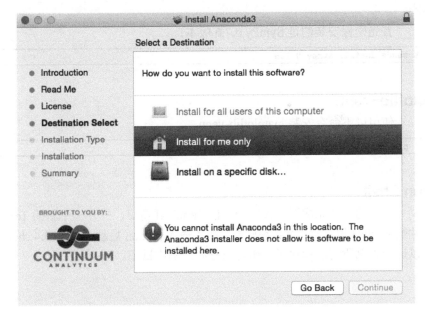

（4）单击 Install 按钮：

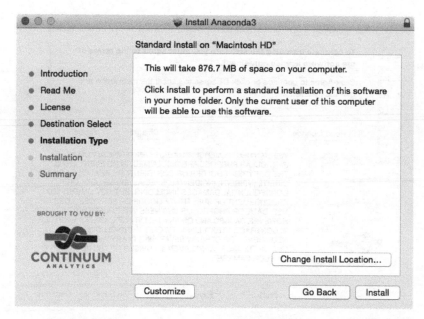

（5）安装完成后，打开 Terminal 应用程序，按下述步骤升级 SymPy 并安装 matplotlib-venn。

升级 SymPy

首先确保安装的是 SymPy 0.7.6 版本：

```
$ conda install sympy=0.7.6
```

安装 matplotlib-venn

使用以下命令安装 matplotlib-venn：

```
$ pip install matplotlib-venn
```

启动 Python Shell

所有的安装完成了。关闭当前的 Terminal 窗口，打开一个新的 Terminal 窗口，并输入 idle3 以启动 IDLE 编辑器，或者输入 python 启动 Python 3.4 shell。现在你可以运行本书所有的程序了，也可以开始新的尝试了。

附录B
Python 主题概览

附录 B 有两个目的：一是对本书中没有完整介绍的 Python 主题提供一个简洁的补充；二是介绍一些有助于编写更好的 Python 程序的方法。

B.1　if __name__ == '__main__'

纵观全书，我们用到了如下的代码块，其中 func() 是一个我们在程序中定义了的函数：

```
if __name__ == '__main__':
    # Do something
    func()
```

这段代码确保块中的语句只有当程序自己运行时才被执行。

当程序运行时，特殊变量 __name__ 自动设置为 __main__，所以 if 条件的结果为 True，程序将调用 func() 函数。然而，当把一个程序导入另一个程序中时，__name__

的设置就不同了（参考本附录的"代码重用"一节）。

这里有一个简单的例子。考虑如下程序，我们将这个程序命名为 factorial.py：

```
# Find the factorial of a number
def fact(n):
    p = 1
    for i in range(1, n+1):
        p = p*i
    return p

❶ print(__name__)

if __name__ == '__main__':
    n = int(input('Enter an integer to find the factorial of: '))
    f = fact(n)
    print('Factorial of {0}: {1}'.format(n, f))
```

程序定义了一个函数 fact()，用来计算整数的阶乘。当程序运行时，它会输出 __main__，这对应于❶处的 print 语句，因为__name__自动设置为__main__。接着，程序会请求输入一个整数，计算其阶乘并输出：

```
__main__
Enter an integer to find the factorial of: 5
Factorial of 5: 120
```

现在，假设你需要在另一个程序中计算阶乘。你决定导入该函数并重新使用它，而不是再次编写该函数：

```
from factorial import fact
if __name__ == '__main__':
    print('Factorial of 5: {0}'.format(fact(5)))
```

注意，这两个程序必须在同一个目录下。当运行这个新的程序时，你将得到如下结果：

```
factorial
Factorial of 5: 120
```

当你的程序被另一个程序导入时，变量__main__的值被设置为该程序的文件名（不带扩展名）。这种情况下，__name__的值是 factorial 而不是__main__。因为条件__name__ == '__main__'现在取值为 False，所以程序不再提示使用者输入内容。去除这个条件看看会发生什么！

总之，在你的程序中使用__name__ == '__main__'是一个很好的习惯，当你的程序被导入另一个程序中时，你希望程序单独运行时才会执行的语句将不被执行。

B.2 列表推导（List Comprehensions）

假设我们有一个整数列表，希望创建一个新的列表，该列表包含原列表中每个元素的平方。有一种你很熟悉的方法可以帮助你做到这一点：

```
    >>> x = [1, 2, 3, 4]
    >>> x_square = []
❶  >>> for n in x:
❷          x_square.append(n**2)
    >>> x_square
    [1, 4, 9, 16]
```

这里我们使用了一种代码模式，这种模式在书中的多个程序中都使用过。创建一个空列表 x_square，我们一边计算平方，一边将计算结果添加到空列表中。我们可以使用列表推导的方法更有效地完成这个任务：

```
❸  >>> x_square = [n**2 for n in x]
    >>> x_square
    [1, 4, 9, 16]
```

在 Python 中，❸处的语句称为列表推导，它包含了一个表达式，即 n^2，接着是一个 for 循环。注意，基本上这可以看作是将❶和❷处的两个语句组合成一个语句，从而创建一个新的列表。

再来看一个例子，考虑 2.4 节中编写的一个程序。在这些绘制抛物运动中物体轨迹的程序中，我们可以用以下代码块来计算物体在每一个瞬间的 x 坐标和 y 坐标：

```
# Find time intervals
intervals = frange(0, t_flight, 0.001)
# List of x and y coordinates
x = []
y = []
for t in intervals:
    x.append(u*math.cos(theta)*t)
    y.append(u*math.sin(theta)*t - 0.5*g*t*t)
```

使用列表推导，你能以如下方式重写这个代码块：

```
# Find time intervals
intervals = frange(0, t_flight, 0.001)
# List of x and y coordinates
x = [u*math.cos(theta)*t for t in intervals]
y = [u*math.sin(theta)*t - 0.5*g*t*t for t in intervals]
```

现在这段代码更简洁了，因为你不必创建一个空列表，编写一个 for 循环，然后再逐一把结果添加到列表中。列表推导可以让你在一个语句中完成这一切。

为了精确地选出那些需要在表达式中计算的项，你也可以在列表推导中添加条件。再次考虑第一个例子：

```
    >>> x = [1, 2, 3, 4]
    >>> x_square = [n**2 for n in x if n%2 == 0]
    >>> x_square
    [4, 16]
```

在这个列表推导中，我们使用了 if 条件来告诉 Python，只对 x 列表中的偶数项计算表达式 n^2。

B.3　字典数据结构

我们首次使用 Python 字典是在第 4 章，当时要在 SymPy 中实现 subs()函数。现在我们更具体地探讨一下 Python 字典。考虑如下简单的字典：

```
>>> d = {'key1': 5, 'key2': 20}
```

这个代码创建了一个包含两个键的字典，即'key1'和'key2'，值分别为 5 和 20。在 Python 字典中，只有字符、数字和元组才能作为键，这些数据类型被称为不可变数据类型，即一旦创建就不能改变，所以一个列表不能作为一个键，因为列表中的元素可以添加和删除。

我们知道，要在字典中检索对应于'key1'的值，需要将其指定为 d['key1']。这是字典中最常见的用例之一。一个相关的用例是，检查字典里是否包含一个特定的键，如'x'。我们可以以如下方式查询：

```
>>> d = {'key1': 5, 'key2': 20}
>>> 'x' in d
False
```

一旦创建了一个字典，我们就能给它添加一个新的键-值对，类似于我们给列表添加元素，如下例：

```
>>> d = {'key1': 5, 'key2': 20}
>>> if 'x' in d:
        print(d['x'])
else:
        d['x'] = 1
>>> d
{'key1': 5, 'x': 1, 'key2': 20}
```

这一小段代码检查了在字典 d 中是否存在键'x'。如果已经存在，输出与之对应的值；否则，将这个键添加到字典中，并将 1 作为对应的值。类似于 Python 关于集合的处理，Python 不能保证字典中键-值对的特定顺序。键-值对的顺序可以是任意的，与其插入的先后顺序无关。

除了指定键作为字典的索引，我们也可以使用 get()函数检索键对应的值：

```
>>> d.get('x')
1
```

如果在 get()函数中指定了一个不存在的键，结果将返回 None。另一方面，如果你在这种情况下使用的是索引方式，则会得到一个错误。

get()函数可以让你为不存在的键设置默认值：

```
>>> d.get('y', 0)
0
```

因为在字典 d 中没有键'y'，所以返回了 0 值。如果有这个键的话，那么就会返回其对应的值：

```
>>> d['y'] = 1
>>> d.get('y', 0)
1
```

keys()函数和 values()函数都能返回一个类似于列表的数据结构，分别包含着字典中所有的键和对应的值：

```
>>> d.keys()
dict_keys(['key1', 'x', 'key2', 'y'])
>>> d.values()
dict_values([5, 1, 20, 1])
```

为了在字典里迭代键-值对，可以使用 items()函数：

```
>>> d.items()
dict_items([('key1', 5), ('x', 1), ('key2', 20), ('y', 1)])
```

这个函数返回了元组的视图（view），每个元组是一个键-值对。我们可以使用以下代码输出它们：

```
>>> for k, v in d.items():
        print(k, v)
key1 5
x 1
key2 20
y 1
```

视图比列表更节省内存，并且不能对它们添加或删除项。

B.4 多个返回值（Multiple Return Values）

到目前为止，在我们编写过的程序中，大多数函数只返回一个值，然而函数通常需要返回多个值。我们在 3.4 节中看到了这样一个例子，在寻找范围的程序中，find_range()函数返回了三个结果。以下是我们所用方法的另一个例子：

```
import math
def components(u, theta):
    x = u*math.cos(theta)
    y = u*math.sin(theta)
    return x, y
```

components()函数的参数为速度值 u 和角度 theta（以弧度为单位），然后计算分量 x 和 y 并返回它们。为了返回计算出的分量，我们仅在返回语句中列出用逗号分隔的相对应的 Python 标签，这就创建并返回了一个包含 x 和 y 的元组。在调用代码中，我们接收到这些值：

```
if __name__ == '__main__':
    theta = math.radians(45)
    x, y = components(theta)
```

因为 components()函数返回了一个元组，所以我们可以使用元组索引来检索返回值。

```
c = components(theta)
x = c[0]
y = c[1]
```

这么做是有优势的，因为我们不必知道返回的所有不同值。比如，当函数返回三个值或 4 个值时，你不必编写 x,y,z = myfunc1()，或者 a,x,y,z = myfunc1()，等等。

在上述任何一种情况中，调用 components()函数的代码必须知道哪个返回值对应于哪个速度分量，因为没有办法从值本身知道这一点。

一个对用户友好的方法是返回一个字典对象，如同我们在使用 SymPy 的 solve() 函数指定关键词参数 dict=True 时一样。以下我们重写之前的 components()函数来返回一个字典：

```
import math

def components(theta):
    x = math.cos(theta)
    y = math.sin(theta)

    return {'x': x, 'y': y}
```

这里，我们返回了一个字典，其中字典的键'x'和'y'分别指代 x 和 y 分量及其对应的数值。使用这个新的函数定义，我们不必担心返回值的顺序，只需使用键'x'来检索 x 分量，使用键'y'来检索 y 分量：

```
if __name__ == '__main__':
    theta = math.radians(45)
    c = components(theta)
    y = c['y']
    x = c['x']
    print(x, y)
```

这个方法使我们不需要使用索引来指代具体的返回值。以下代码重写了寻找范围的程序（参见 3.4 节），以便将结果作为字典而不是元组返回：

```
'''
Find the range using a dictionary to return values
'''
def find_range(numbers):
    lowest = min(numbers)
    highest = max(numbers)
    # Find the range
    r = highest-lowest
    return {'lowest':lowest, 'highest':highest, 'range':r}

if __name__ == '__main__':
    donations = [100, 60, 70, 900, 100, 200, 500, 500, 503, 600, 1000, 1200]
    result = find_range(donations)
❶   print('Lowest: {0} Highest: {1} Range: {2}'.
          format(result['lowest'], result['highest'], result['range']))
```

现在，find_range()函数将返回一个字典，包含键 lowest、highest 和 range，以及它们对应的具体值。在❶处，我们只需使用对应的键来检索相应的值。

如果我们只是对一组数字的范围感兴趣，而不关心其最大值和最小值，我们只需使用 result['range']，而其他值将不会返回。

B.5 异常处理（Exception Handling）

在第 1 章我们看到，使用 int()函数将一个字符串（如'1.1'）转换为整数时会导致 ValueError 异常。但是通过 try...except 代码块，我们可以输出一条更友好的错误信息：

```
>>> try:
        int('1.1')
except ValueError:
        print('Failed to convert 1.1 to an integer')

Failed to convert 1.1 to an integer
```

当 try 块中的任何语句引发异常时，这个异常的类型会与 except 语句所指定的类型进行匹配。如果它们一致，在 except 块中程序将继续执行。否则，程序停止并显示异常信息。如下所示：

```
>>> try:
        print(1/0)
except ValueError:
        print('Division unsuccessful')

Traceback (most recent call last):
  File "<pyshell#66>", line 2, in <module>
    print(1/0)
ZeroDivisionError: division by zero
```

这个代码块试图以 0 作为分母做除法，这将导致一个 ZeroDivisionError 异常。虽然除法在 try...except 代码块中执行了，但 except 指定的异常类型不正确，所以异常没有得到正确的处理。正确处理这个异常的方法是指定 ZeroDivisionError 作为异常类型。

指定多个异常类型

你还可以指定多个异常类型。考虑 reciprocal()函数，它返回传递给它的数字的倒数：

```
def reciprocal(n):
    try:
        print(1/n)
    except (ZeroDivisionError, TypeError):
        print('You entered an invalid number')
```

我们定义 reciprocal()函数，它输出用户输入值的倒数。我们知道，如果输入 0，将导致 ZeroDivisionError 异常。然而，如果你输入一个字符串，将会导致 TypeError

错误。函数将这两种情形都作为无效输入，并在 except 语句中指定 ZeroDivisionError 和 TypeError 作为一个元组。

我们尝试以一个有效输入调用函数，即输入一个非零数字：

```
>>> reciprocal(5)
0.2
```

下一步，我们将 0 作为输入来调用函数：

```
>>> reciprocal(0)
Enter an integer: 0
You entered an invalid number
```

输入参数 0 导致了 ZeroDivisionError 异常，这个异常在 except 语句指定的异常类型元组内，所以代码输出了错误信息。

现在我们输入一个字符串：

```
>>> reciprocal('1')
```

这种情形下，我们输入了一个无效数字，将导致 TypeError 异常。这个异常也在事先指定的异常元组中，因此代码输出了错误信息。如果你希望给出更具体的错误信息，我们可以通过如下方式指定多个 except 语句：

```
def reciprocal(n):
    try:
        print(1/n)
    except TypeError:
        print('You must specify a number')
    except ZeroDivisionError:
        print('Division by 0 is invalid')
>>> reciprocal(0)
Division by 0 is invalid
>>> reciprocal('1')
You must specify a number
```

除了 TypeError、ValueError 和 ZeroDivisionError，还有许多其他内置的异常类型。Python 官方网站的文档中列出了 Python 3.4 中内置的异常类型，读者可以参考。

else 代码块

else 代码块用来指定没有异常发生时要执行的语句。考虑我们在绘制抛射物体的运动轨迹时编写过的程序（见 2.4 节）：

```
if __name__ == '__main__':
    try:
        u = float(input('Enter the initial velocity (m/s): '))
        theta = float(input('Enter the angle of projection (degrees): '))
    except ValueError:
        print('You entered an invalid input')
❶   else:
        draw_trajectory(u, theta)
        plt.show()
```

如果不能将 *u* 或 theta 的输入转换为浮点数，那么程序调用 draw_trajectory()函数和 plt.show()函数是没有意义的。如果条件满足，则❶处的 else 代码块将执行这两个语句。使用 try...except...else 能让我们在运行程序时处理多种不同的错误类型，无论错误是否出现，我们都能采取适当的操作。

（1）如果有异常，将出现一个对应于此异常类型的 except 语句，程序也会执行相应的 except 代码块。

（2）如果没有异常，程序将直接执行 else 代码块。

B.6　在 Python 中读取文件

打开文件是读取数据的第一步。先来看一个简单的例子。考虑一个文件，它由一系列数字构成，且每行只有一个数字：

```
100
60
70
900
100
200
500
500
503
600
1000
1200
```

我们想编写一个函数，可以用来读取这个文件，并返回这些数字的一个列表：

```
    def read_data(path):
        numbers = []
❶      f = open(path)
❷      for line in f:
            numbers.append(float(line))
        f.close()
        return numbers
```

首先，我们定义了 read_data()函数并创建了一个空列表存储所有数字。在❶处，我们用 open()函数打开一个文件，其位置由路径参数（path）指定。路径的例子可以是 Linux 中的/home/username/mydata.txt，Microsoft Windows 中的 C:\mydata.txt，或者 MacOS X 中的/Users/Username/mydata.txt。open()函数返回一个文件对象，我们用标签 *f* 来指代它。我们在❷处用一个 for 循环来读取文件的每一行，因为每一行是作为一个字符串返回的，所以我们将其转换为数字并将其添加到列表 numbers 中。当所有行都被读取完时循环停止，使用 close()函数关闭文件。最后返回 numbers 列表。

这类似于第 3 章中的"从文件中读取数据"，只是因为我们在第 3 章中用了不同的方法，故不必明确关闭文件。使用第 3 章中的方法，我们可以重写前面的函数：

```
    def read_data(path):
```

```
        numbers = []
❶       with open(path) as f:
            for line in f:
                numbers.append(float(line))
❷       return numbers
```

这里关键的语句在❶处，类似于编写 f = open(path)，但它们只是部分类似。除了打开文件，以及用 *f* 指代由 open()函数返回的文件对象，它还建立了一个新的 context，包含了块中的所有语句，即 return 语句之前的所有语句。当程序中的所有语句执行完时，文件将自动关闭。也就是说，当运行到❷处的语句时，文件将直接关闭，而不需要调用 close()函数。这个方法也意味着，如果在操作文件时有任何异常情况发生，在程序退出之前文件也会被关闭。这是处理文件的首选方法。

一次性读取所有行

除了可以逐行读取数据创建一个列表，我们还可以使用 readlines()函数一次性读取所有行到列表中。这将产生一个更紧凑的函数：

```
def read_data(path):
    with open(path) as f:
❶       lines = f.readlines()
    numbers = [float(n) for n in lines]
    return numbers
```

首先我们在❶处使用 readlines()函数一次性读取文件中的所有行到列表中，然后我们使用 float()函数和列表推导方法将列表中的每一项转换成浮点型数值。

指定一个文件名作为输入

read_data()函数把文件路径作为输入参数。如果你的程序允许指定文件名作为输入，那么只要文件包含了我们希望读取的数据，这个函数对这个文件应该适用。看下面的例子：

```
if __name__=='__main__':
    data_file = input('Enter the path of the file: ')
    data = read_data(data_file)
    print(data)
```

一旦你把这些代码添加到 read_data()函数的后面并运行这个函数，它将要求你输入一个文件的路径。接着，程序将输出从文件中读到的数值：

```
Enter the path of the file: /home/amit/work/mydata.txt
[100.0, 60.0, 70.0, 900.0, 100.0, 200.0, 500.0, 500.0, 503.0, 600.0, 1000.0,
1200.0]
```

读取文件时错误的处理

在读取文件的过程中会有一些错误：无法读取文件、文件中的数据不是所期望的格式。下面是无法读取一个文件时所出现的问题：

```
Enter the path of the file: /home/amit/work/mydata2.txt
Traceback (most recent call last):
  File "read_file.py", line 11, in <module>
    data = read_data(data_file)
  File "read_file.py", line 4, in read_data
    with open(path) as f:
FileNotFoundError: [Errno 2] No such file or directory: '/home/amit/work/
mydata2.txt'
```

由于输入了一个并不存在的文件路径，因此当我们试图打开这个文件时出现了 FileNotFoundError 异常。我们可以通过如下方式修改 read_data()函数，让程序显示一条友好的错误提示信息：

```
def read_data(path):
    numbers = []
    try:
        with open(path) as f:
            for line in f:
                numbers.append(float(line))
    except FileNotFoundError:
        print('File not found')
    return numbers
```

现在当你输入一个不存在的文件路径时，你将得到如下错误信息：

```
Enter the path of the file: /home/amit/work/mydata2.txt
File not found
```

第二个错误出现的原因是文件中的数据不是你的程序所希望读取的类型。比如，考虑如下文件：

```
10
20
3o
1/5
5.6
```

文件中的第 3 行不能转换为浮点型数值，因为其中包含着字母 o 而不是数字 0。第 4 行是 1/5，是以字符串形式表达的分数，这也是 float()函数所不能处理的。

如果你将这个数据文件提供给之前的程序，它将产生如下错误：

```
Enter the path of the file: bad_data.txt
Traceback (most recent call last):
  File "read_file.py", line 13, in <module>
    data = read_data(data_file)
  File "read_file.py", line 6, in read_data
    numbers.append(float(line))
ValueError: could not convert string to float: '3o\n'
```

由于文件中的第 3 行是 3o，不是数字 30，因此当我们试图将其转换为浮点型数值时，结果出现了 ValueError。当这类数据出现在文件中时，有两种方案可以采用。第一种是报告错误并终止程序。修改后的 read_data()函数如下所示：

```
def read_data(path):
    numbers = []
    try:
        with open(path) as f:
            for line in f:
❶                try:
❷                    n = float(line)
                except ValueError:
                    print('Bad data: {0}'.format(line))
❸                    break
❹                numbers.append(n)
    except FileNotFoundError:
        print('File not found')
    return numbers
```

我们在函数中的❶处插入另一个 try...except 块，在❷处将每一行转换成浮点型数值。如果程序出现了 ValueError 异常，我们针对出错的行输出错误信息，并在❸处使用 break 退出 for 循环，然后程序就停止读取文件了。返回的列表 numbers 包含了遇到出错数据前所有的已成功读取的数据。如果没有错误，我们在❹处将浮点型数值添加到 numbers 列表中。

现在若你提供文件 bad_data.txt 给程序，它只会读取前两行，接着显示错误信息，然后退出：

```
Enter the path of the file: bad_data.txt
Bad data: 3o

[10.0, 20.0]
```

返回部分数据可能并不是我们想要的结果，所以我们可以用 return 代替❸处的 break 语句，这样就不返回任何数据了。

第二种方法是忽略错误，并继续处理文件剩下的内容。下面是一个修改过的实现这一功能的 read_data()函数：

```
def read_data(path):
    numbers = []
    try:
        with open(path) as f:
            for line in f:
                try:
                    n = float(line)
                except ValueError:
                    print('Bad data: {0}'.format(line))
❶                    continue
                numbers.append(n)
    except FileNotFoundError:
        print('File not found')
    return numbers
```

这里唯一的变化是我们在❶处用 continue 语句继续下一个循环，而不是直接退出 for 循环。现在程序的输出如下所示：

```
Bad data: 3o
```

```
Bad data: 1/5

[10.0, 20.0, 5.6]
```

你读取文件的具体应用场合决定着你希望采用上述哪种方法来处理出错数据。

B.7 代码重用

在本书中，我们使用了很多类和函数，它们要么是 Python 标准库的一部分，要么可以通过安装第三方包导入，如 matplotlib 和 SymPy。现在来看一个简单的例子：如何在其他程序中导入我们自己的程序。

考虑 3.5 节 "计算两个数据集之间的相关性" 中编写的 find_corr_x_y()函数。我们将创建一个单独的文件 correlation.py，仅包含文件定义：

```python
'''
Function to calculate the linear correlation coefficient
'''

def find_corr_x_y(x,y):
    # Size of each set
    n = len(x)

    # Find the sum of the products
    prod=[]
    for xi,yi in zip(x,y):
        prod.append(xi*yi)

    sum_prod_x_y = sum(prod)
    sum_x = sum(x)
    sum_y = sum(y)
    squared_sum_x = sum_x**2
    squared_sum_y = sum_y**2

    x_square=[]
    for xi in x:
        x_square.append(xi**2)
    x_square_sum = sum(x_square)

    y_square=[]
    for yi in y:
        y_square.append(yi**2)
    y_square_sum = sum(y_square)
    numerator = n*sum_prod_x_y - sum_x*sum_y
    denominator_term1 = n*x_square_sum - squared_sum_x
    denominator_term2 = n*y_square_sum - squared_sum_y
    denominator = (denominator_term1*denominator_term2)**0.5

    correlation = numerator/denominator

    return correlation
```

没有.py 作为文件后缀的话，Python 文件通常被称为一个模块，模块通常会在文件中保留，这些文件用于定义在其他程序中使用的类和函数。以下程序从我们刚刚定义的 correlation 模块中导入 find_corr_x_y() 函数：

```
from correlation import find_corr_x_y
if __name__ == '__main__':
    high_school_math = [83, 85, 84, 96, 94, 86, 87, 97, 97, 85]
    college_admission = [85, 87, 86, 97, 96, 88, 89, 98, 98, 87]
    corr = find_corr_x_y(high_school_math, college_admission)
    print('Correlation coefficient: {0}'.format(corr))
```

这个程序可以找到表 3-3 中学生的高中数学成绩和大学入学成绩之间的相关性。我们从 correlation 模块中导入 find_corr_x_y() 函数，创建两个列表，分别表示两个成绩集合，以这两个列表作为输入参数调用 find_corr_x_y() 函数。当运行程序时，它将输出相关系数。注意，这两个文件必须在同一个目录中，这是为了保持简单。